A (Very) Short
History of Life on Earth

Henry Gee

# 地球生命簡史

面向「人類世」
走進46億年地球生態演化的劇場
預見未來10億年生命圖景

亨利・吉——著
劉泗翰——譯

紀念我的導師與摯友　珍妮・卡蕾克（Jenny Clack, 1947–2020）

# 目錄

# 各界好評

「一部生動、抒情的歷史。」

——國際知名科學期刊《自然》（*Nature*）

「這是關於地球存在數十億年以來，我們的星球及其生物所發生的巨大變化的最好的書。大陸合併又分裂；大規模的火山爆發一再重新設置了進化的時鐘；氣溫、大氣氣體和海平面都發生了大幅波動；新的生活方式已經出現。亨利・吉讓這幅萬花筒般變化的生命畫布，變得如此易於理解和令人興奮。誰會喜歡閱讀這本書？每一個人！」

——賈里德・戴蒙德（Jared Diamond），普立茲獎得主，《槍砲、病菌與鋼鐵》（*Guns, Jerms and Steel*）人類大歷史三部曲、《動盪》（*Upheaval*）作者

「不要錯過這部令人愉悅的、簡潔卻全面的傑作！它出色地將地球令人驚嘆的生命歷史

——近五十億年——濃縮成一個迷人的、活潑的、科學準確的故事。」

——丹尼爾・利伯曼（Daniel E. Lieberman），
哈佛大學生物科學教授，《鍛鍊》（*Exercised*）作者

「這位頂尖的科學作家為我們講述了四十億年進化過程中的一曲精彩、快節奏的華爾茲。作為《自然》雜誌的資深編輯，亨利・吉坐在最前排，掌握過去二十五年最重要的化石發現……。從最早的細菌到三葉蟲、再到恐龍與人類，他以詩意散文，為我們生動講述生命的歷史。」

——史蒂夫・布魯薩特（Steve Brusatte），愛丁堡大學古生物學家，
《紐約時報》暢銷書《恐龍的興衰》（*The Rise and Fall of the Dinosaurs*）作者

「作者對地球上生命（和死亡——大量死亡）故事的簡潔敘述，既有趣又豐富。更棒的是，本書超越了人類總認為自己最為特殊的傾向，將我們人類放置回宇宙萬物計劃中適當的位置。」

——約翰・格里賓，《科學家》（*The Scientists*）
與《尋找薛丁格的貓》（*In Search of Schrodinger's Cat*）作者

「作者帶我們回到了過去，也讓我們回到了少年時期的好奇狀態。在日常瑣事中按下暫停鍵，停下來想一想：周遭這一切寶貴的生命是如何形成的——你將在本書中找到答案。」

——《地理》（*Geographical*）

「在地球上生命如何進化的雄辯敘述之中，我們在逆境中發現了生命之美……這是一個充滿了生命行動與科學事實、一個生動敘述的故事，讓所有讀者深受感動。」

——《出版商週刊》（*Publishers Weekly*）

「從地球的歷史可以看見生命的興衰。」

——焦傳金，國立自然科學博物館館長

「《地球生命簡史》是一本扼要且深刻的作品，用簡練的篇幅，回顧地球生命的精采歷史。尤其從單細胞生物到複雜的多細胞生物，或是從蔚藍的深海爬到茂盛的森林，生動描繪了生命演化與環境轉變的關鍵轉折。」

——林大利，生物多樣性研究所副研究員、澳洲昆士蘭大學生物學博士

「國際科學期刊《自然》(*Nature*)負責古生物領域的編輯——也就是本書作者亨利・吉(Henry Gee),整合了他數十年來經手過的研究文章和個人經驗,寫出了這一本《地球生命簡史》,不論是對於生命演化有興趣的一般大眾,或是從事第一手研究工作的老師、研究生們,相信都很適合花點時間來閱讀本書,並且從大尺度的視野來思考生命這一回事。

另一方面,在台灣的大多數人對於恐龍並不陌生,但基本上都是從國外來的消息或報導,對於台灣的古生物基本上都相當陌生,因為古生物在台灣長期以來是一個較被忽略的研究領域。有趣也重要的是,在我們最近的古生物研究中,發現了台灣也有古生物界中的大明星:『劍齒虎』這一類的食肉動物,甚至也將台灣的古生物們整合進全球島嶼生物滅絕的研究,其成果刊登於《自然》長期的「對手」——《科學》(*Science*)中。

生命演化的歷史極為迷人,不論是全球尺度或是身在英國的作者在書中有特別關注英國的古生物;位於歐亞大陸另一岸的台灣(英國剛好算是歐亞大陸最西邊,而台灣在最東邊)其實也同樣有著迷人的古生物,等著我們來探索、書寫出其生命演化的歷史。」

——蔡政修,國立臺灣大學生命科學系&生態學與演化生物學研究所副教授

「地球不僅是生命的舞台，也是創新的實驗室！如果你以為四十六億年的地球歷史不可能在一本書裡精彩展現，那麼《地球生命簡史》將顛覆你的想法。這本好書帶你探索地球如何從一個熾熱的岩漿球演變成一顆生機勃勃的藍色星球，見證生命精彩的爆炸力如何超越整個宇宙！」

——黃貞祥，國立清華大學生命科學系副教授、GENE思書齋齋主

# 【導讀】給成年人的床邊故事

文／洪廣冀 國立臺灣大學地理環境資源學系副教授

「很久很久以前，一個巨大的星體快要死了。」這是《地球生命簡史》的開頭，英文原文為"Once upon a time, a giant star was dying"。這個簡單的開頭定義了全書。如作者亨利・吉（Henry Gee；以下容我以亨利稱之）指出的，這本涵蓋的時間長達四十六億年的小書，不會用各種科學事實轟炸你。他的目的是，各位智人（Homo sapiens）啊，在你入睡前，請就著床前小燈，手持這本書，讀上幾頁，然後你可以心滿意足地關燈，把棉被拉到下巴前，準備進入夢鄉。是的，按照亨利自己的說法，《地球生命簡史》是本科普著作，但同時也是成年人的床邊故事集。

在亨利所處的社會文化中，睡覺可被理解為某種瀕死時刻。有個廣受歡迎的睡前禱文是這樣寫的：

Now I lay me down to sleep,
I pray the Lord my Soul to keep;
If I should die before I 'wake,
I pray the Lord my Soul to take.

《地球生命簡史》不談上帝，也不談人的靈魂；甚至，不像哈拉瑞（Yuval Noah Harar）著名的「人類三部曲」，在《地球生命簡史》中，亨利只留一兩章的篇幅給智人——當然，這已經是相當「慷慨」之舉。畢竟，在四十六億年的時間尺度中，智人不過三十萬年的歷史，只佔了百分之 0.000065。

在以星體之死開場後，亨利以智人以及地球生命的滅絕（extinction）為作結。他告訴我們，在幾千年內，智人將會消失，「人類占據的棲地幾乎遍及整個地球，而我們卻逐漸讓這個地方變得愈來愈不適合居住。」在人類消失之後，亨利表示，地球的生命當然還在，也在繼續演化，試著調適 Homo sapiens 這個該死物種造就的損害。由於大氣中還殘存著人類製造出的二氧化碳，冰河期將會延遲，但將會以更兇猛的態勢回歸。墨西哥灣流會停止流動，地球再度冰封，隨著板塊運動的趨緩，「老朽的地球罹患了關節炎似的，構造板塊不再像以前那樣潤滑」，地表的生命率先終結，地底深處的生命也終將消逝。亨利指出：「地球上的生命曾經多次巧妙地將威脅到他們生存的挑戰，轉化成讓他們蓬勃發展的機會，但是大約再過十億年之後，終將全部消失。」

《地球生命簡史》顯然不是什麼賞心悅目的睡前讀物。我不禁想起重金屬樂團 Metallica 的名曲：*Enter Sandman*。在有個童聲呢喃著前述睡前禱告後，主唱 James Hetfield 唱著：「噓，小男孩，別出聲，也別注意你聽到的怪聲」。噢，你好奇那是什麼？沒事沒事，那只是在你床下、衣櫥跟腦袋中蠕動的怪獸罷了。

亨利是 *Nature*（國際科學期刊《自然》）的資深編輯；*Nature* 是一本創刊於一八六九年的期刊，為當今科學界地位最崇高的刊物之一。能在這樣的刊物擔任編輯，亨利的專長顯然不只是講睡前故事。亨利是劍橋大學的古生物學博士，專攻牛在冰河時期的演化。他熱愛閱讀、做田野與寫作。畢業後的他並未進入學術界，反倒前往 *Nature* 擔任科學記者。

在訪談中，亨利回顧這段擔任記者的經驗。他表示，在寫過各種難以想像的科學題材，以及應付各種難以理解的死線後，他得以晉身 *Nature* 的後台，擔任編輯，與世界各地最傑出的科學家打交道。在這個意義上，《地球生命簡史》也相當於亨利的「編輯室報告」。一方面，亨利巧妙地將各科學重大發現串連成流暢的敘事；另方面，為了讓感興趣的讀者可以參考原文，他也做了詳盡的註腳，列明文章出處。

此處要特別讚揚果力文化在編輯本書時的選擇。在英文版原書，亨利是按照一般科普書的慣例，將註腳列在正文之後；但果力文化將註腳放在正文旁，方便讀者對照閱讀。此外，在註腳中，亨利常針對個別文章，從編輯的角度作出點評。這讓閱讀註腳本身就是個樂趣。

讀者或許會好奇，長期擔任 *Nature* 編輯的亨利，對待「自然」與「生命」的觀點是什麼？他是這麼寫的：「地球上的生命，其戲劇性的起起伏伏，只受大氣中二氧化碳含量緩慢減少和太陽亮度穩步增強的兩大因素控制。」即便如此，亨利也認為，生命起伏的戲劇性直教人目不轉睛。依據亨利的說法，生命誕生於四十五億年前的地球；當時地球還正在沸騰，熱氣軟化了外層的岩層，地殼碎裂成板塊，板塊間的空隙形成海洋，板塊與板塊間的擠壓則形成崇山峻嶺，或在海底刻出深溝；但就「在這樣的混亂與災難之中，生命誕生了；也正是這樣的混亂與災難，孕育、滋養、創造了生命，讓生命得以發展茁壯。」亨利也告訴我們，在二十一億至二十四億年前有個「大氧化事件」。當時，藍綠菌演化出日後叫做光合作用的機制，釋放出一種致命物質，也就是氧氣，讓那些在缺氧環境中演化出來的生物吃不消，造成地球生命史上的首次大滅絕。不僅如此，藍綠菌還順勢「清除了保持地球溫暖的二氧化碳和甲烷，並開啟了首次也是最長的冰河時期」，地球成了顆雪球，從南極到北極被冰層所覆蓋。然而，亨利指出，大氧化事件與雪球地球正是「地球生命繁榮所需的那種末日災難」。

同樣的，亨利也認為，哺乳類之所以出現，與六千六百萬年前的一場末日災難脫不了關係。當時，一顆小行星撞擊地球，留下一百六十公里寬的隕石坑，終結了四分之三的物種，包括全部我們今日蓋稱為「恐龍」的生物。從三疊紀以來便「一直活在陰影下的動物」，也就是所謂「哺乳類」，經歷一百萬年的演化磨練，如同打開一個充分搖勻的陳年香檳一般，全面噴發。

就亨利而言，智人的出現與散佈全球也不脫如此的循環。亨利曾出過一本學術書籍，直指智人是個「意外的物種」。在《地球生命簡史》，亨利提供了一個簡單的版本。距今三十幾萬年前，當尼安德塔人逐漸適應歐洲的冰冷氣候時，智人在非洲現身了。不過，切莫以為，智人是什麼高等、更具演化優勢或「出道即顛峰」的物種；正好相反，亨利表示，在智人生存期間，「前百分之九十八的時間都是令人心碎的悲劇」；「幾乎所有的人都死了，這個物種也幾乎完全滅絕。」這個物種的生育地一度只限縮在非洲南部馬加迪卡迪（Makgadikgadi）的濕地，苟延殘喘了七萬年。至十三萬年前，由於地球進入了千年以來前所未見的溫暖時期，馬加迪卡迪濕地外的沙漠正為一片草海。智人於是動身了，跟著獵物搬遷。沿途與其他的古人類爭鬥，或者交配，讓這個基因多樣性原本很低的物種，變得越來越混雜。智人也產生了自我意識，在洞穴壁上留下赭紅色的手印，彷彿在說：「我在這裡。」

為了寫這篇導讀，我到 Youtube 上看了大量亨利的演講與訪談，順便想了解這位智人究竟長什麼模樣。我看到的相當讓我滿意。即便在最正式的訪談中，亨利說他是個禿頭的胖子，是個沉迷於化石的 geek，是熱愛科幻小說的 nerd，是個從大學時期就在為各種雜誌寫稿的勞動者。基於某種我也說不清楚的原因，我開始覺得《地球生命簡史》與 Metallica 樂團的 *Enter Sandman* 重疊了。準備進入夢鄉了嗎？各位智人。你感覺到那隻名為「滅絕」的怪獸正在你的腦袋、牆角與床底蠢蠢欲動了嗎？乖，這是所有生命必然走上的路徑，智人也不例外。你的誕生是個意外，你的滅絕卻是必然；你以為的永恆終將消逝，在地球的尺度上不值一顧，且 nobody really cares。

但，亨利也告訴我們，不知道是幸或是不幸，智人偏偏就是那個有所自覺的物種。智人畢竟與那群在二十一億至二十四億年釋放氧氣、釀成所謂「大氧化事件」的細菌不一樣。智人自覺自己的存在，也逐漸意識到自己的存在欠了環境與其他生命多少債，多少也試著在短暫的生命中還債。他引用科幻小說家 William Olaf Stapledon 之語：說來奇怪，「這些微小的動物似乎更想要在這場鬥爭中扮演某種角色，而不是淡然以對，他們短暫地努力奮戰，想要為自己的種族在最終黑暗到來之前，贏得一些更清醒的時間。」

好好地睡一覺，不要絕望。《飄》的女主角郝思嘉不是這樣說嗎？
"After all, tomorrow is another day."

# 時間軸（一）宇宙中的地球

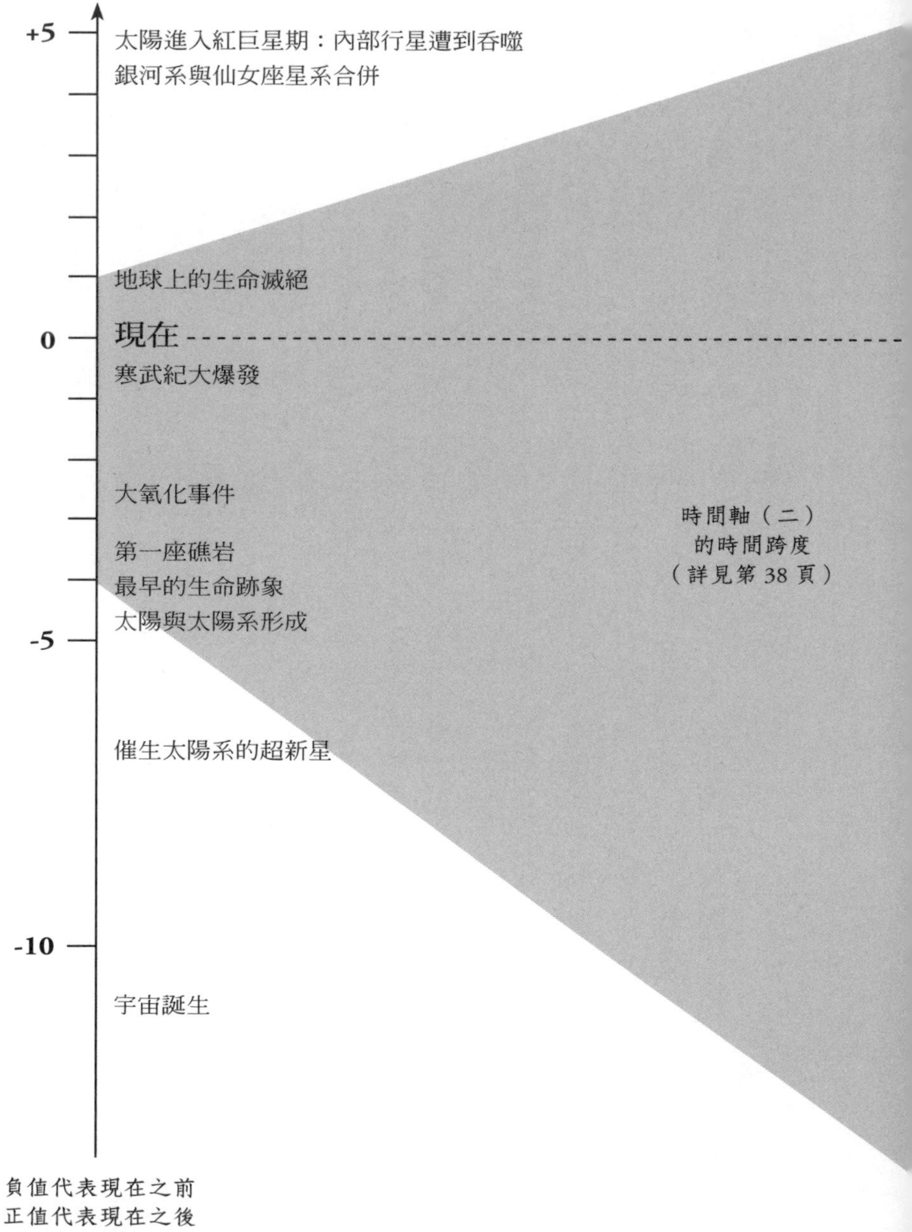
+5
太陽進入紅巨星期：內部行星遭到吞噬
銀河系與仙女座星系合併
地球上的生命滅絕
0
現在
寒武紀大爆發
大氧化事件
第一座礁岩
最早的生命跡象
太陽與太陽系形成
-5
催生太陽系的超新星
-10
宇宙誕生
時間軸（二）
的時間跨度
（詳見第 38 頁）
負值代表現在之前
正值代表現在之後
單位：十億年

# 01

# 火與冰之歌

很久很久以前，一個巨大的星體快要死了。它已經燃燒了幾百萬年，如今，星體核心的熔爐已經沒有燃料可以燃燒。過去，它利用融合氫原子來產生氦氣，藉以製造發光時所需的能量；融合反應產生的能量不只用來讓星體發光，更重要的功能是抵消星體本身向內部拉扯的重力。當可供燃燒的氫氣供給降低時，星體就開始讓氦氣與其他比較重的元素原子結合，例如碳和氧。然而，到了那個時候，星體內可供燃燒的東西就愈來愈少了。

最後，燃料終於燃燒殆盡。重力贏得這場戰爭：星體內爆了。在燃燒了幾百萬年之後，只要幾分之一秒的時間，就完全瓦解。內爆產生極大的反彈力道，也點亮了整個宇宙——形成超新星。在原本那個星體的行星系統中可能存在的生命，都一併慘遭滅絕。然而，在星體死亡的災變中，卻誕生了新生命的種子。較重的化學元素，如：矽、鎳、硫、鐵等，也在星體生命走到終點的最後一刻，因為大爆炸而融為一體，並且飛濺得又廣又遠。

又過了幾百萬年之後，超新星爆炸的重力震波穿透了由氣體、塵埃與冰組成的星雲。重力波的擠壓與舒展導致星雲向內坍塌。當星雲收縮時，它開始旋轉。重力的拉扯用力擠壓星雲中心的氣體，使得原子開始融合。氫原子擠壓在一起，形成氦氣，產生了光與熱。就此完成了星體生命的循環。從一個古老星體的死亡，到一個全新的星體出現——也就是我們的太陽。

超新星產生的元素豐富了由氣體、塵埃與冰組成的星雲，並且圍繞著新誕生的太陽打轉，集結成一個行星系統，其中一個行星就是我們的地球。新生的地球跟我們現在所知的模樣相去甚遠。我們熟知的大氣層在那個時候是無法呼吸的霧氣，裡面的成分有甲烷、二氧化碳、水蒸氣和氫氣。地球表面是熔化岩漿組成的海洋，而且一直都有小行星、彗星，甚或其他行星撞擊地球，不斷攪動岩漿；其中之一就是特亞行星，它的大小跟現在的火星差不多[1]。特亞行星以偏斜的角度撞擊地球，然後解體，撞擊的力道炸裂了絕大部分的地表，飛散到太空中。地球有好幾百萬年的時間跟土星一樣，有好幾個環，後來這些環聯合起來創造了另外一個新世界——也就是月球[2]。這一切都發生在距今約四十六億年前。

又過了幾百萬年之後，地球的溫度終於降到足以讓大氣層中的水蒸氣凝結成水珠，並且落下變成了雨水。這一下，就是幾百萬年，雨水多到足以形成第一批海洋；這時候，地球上

1 相關例證，請參閱 R. M. Canup and E. Asphaug, 'Origin of the Moon in a giant impact near the end of the Earth's formation,' *Nature* **412**, 708–712, 2001；J. Melosh, 'A new model Moon,' *Nature* **412**, 694–695, 2001。

2 這說明了為什麼地球和月球的組成成分如此相似，也說明了月球的特殊之處，因為跟太陽系裡大多數的衛星相比，月球的體型相對於主星（也就是地球）算是大型的。請參閱 Mastrobuono-Battisti *et al.*, 'A primordial origin for the compositional similarity between the Earth and the Moon,' *Nature* **520**, 212–215, 2012。

就只有海洋，沒有陸地。原本是一團火球的地球，已經變成了一個水世界。然而，這並不表示地球上很平靜，因為在那個時候，地球轉動的速度比現在快，而且剛形成的月球也很逼近黑暗的地平線，每一次漲潮都是大海嘯。

一顆行星絕對不只是一堆石頭而已。任何一顆直徑大於幾百公里的行星，都是經過長時間沉澱累積的結果。密度較小的物質，如鋁、矽、氧等等，會在靠近星體表面的地方凝結成外層較輕的岩石；而像鎳、鐵這一類密度較大的物質，則會沉入行星的核心。今天，地球的核心就是一顆不停轉動的液態金屬球，由重力以及一些重放射性元素的衰變——例如：在古老超新星的最後時刻形成的鈾等元素——維持核心的熾熱高溫。因為地球會旋轉，所以在核心產生了磁場，而磁場的觸鬚不但穿透地球，甚至還深入太空，這個磁場保護地球不受太陽風的影響。太陽風是從太陽不斷放射出來的高能粒子所形成的暴風氣流，由於這些粒子都帶電，碰到地球磁場時產生排斥作用，就會反彈回去，或者是繞過地球，流進太空。

地球熔漿核心不斷向外散發熱氣，讓這顆行星始終都保持在沸騰的狀態，就像一鍋水放在爐子上不停地煮沸。由核心散發到表面的熱氣軟化了包覆在外的岩層，密度較低但是質地較堅硬的地殼因此裂成碎片，在裂開的地殼縫隙中，就形成了海洋；這些碎片就是構造板塊，它們始終都在移動，會彼此碰撞、擠壓、堆疊或是擦身而過。這樣的運動形成高於海平面的崇山峻嶺，或是在海底刻出深溝，也因此造成地震和火山爆發，製造出新的陸地。

當光禿禿的山脈向天空拔起時，大量的地殼碎片都被吸入地球深處，落進構造板塊邊緣的深邃海溝。這些地殼吸飽了沉積物質與水分，被吸入地球的內部，等到再次浮出表面時，就變成了新的形式，在大陸邊緣消失的海底爛泥，經過了數億年後，可能因為火山爆發[3]重新出現，或者變成了鑽石。

✳

在這樣的混亂與災難之中，生命誕生了；也正是這樣的混亂與災難，孕育、滋養、創造了生命，讓生命得以發展茁壯。在海洋的最深處，構造板塊的邊緣插入地殼的地方，富含礦

---

3 澳洲臥龍崗大學（University of Wollongong）的柏特．羅伯特（Bert Roberts）教授說，澳洲大陸所在的構造板塊一直向北，朝著印尼的方向擠壓推進，前進的速度是他本人指甲成長速度的兩倍（這是羅伯特跟我說的——不過每個人指甲成長的速度都不一樣就是了），證明了地殼的運動到現在依然相當活躍。這樣的速度看似不快，但是經年累月下來就非常可觀。隨著澳洲向北推進，結果就造成爪哇北部邊緣向下彎曲，沉入海裡。如果你跟我一樣曾經搭飛機越過爪哇北部海岸，就可以看到在歷史上已經有雅加達市最北邊的一個區沉入海裡，而羅柏特還必須一直剪指甲。

物質的滾燙沸水在極端壓力之下，從海底縫隙中噴發出強力水柱，而生命就是從這裡演化出來的。

最早的生命形態其實就只是一層像浮渣一樣的薄膜，覆蓋在岩石中極細微的裂隙上。上升的洋流變得波濤洶湧，接著轉向成了漩渦，然後逐漸失去動能，於是將洋流中富含礦物質的殘渣碎片，一股腦兒地傾倒在岩石的裂隙與毛孔之中[4]。這些像篩子一樣的薄膜並不完整，而他們也像篩子一樣讓某些物質穿透過去，又將其他的物質擋在外面。雖然薄膜有孔會滲水，但是內部的環境卻異於外面洶湧的漩渦，比較安靜，也比較有秩序；畢竟一間有屋頂、牆壁的木屋，就算門窗被屋外的極地暴風吹得嘎吱作響，也不失為一個安全的避風港。薄膜也善用其滲水的特性，利用本身的孔洞作為能量與養分的入口，也作為廢棄物的出口[5]。

這些微小的池子受到保護，免於外界化學物質的紛紛擾擾，成為秩序井然的避風港。慢慢的，他們改善了能量的生產，然後利用能量產生小氣泡，每一個氣泡都包含了母體薄膜的一部分。起初只是隨機偶然的發生，但是隨著內部化學模組的發展，這些模組可以複製並傳遞到新一代包含薄膜的氣泡，結果就逐漸變得可以預測，也確保新一代的氣泡或多或少都忠實地複製了上一代的氣泡。然後，效率比較高的氣泡開始蓬勃發展，而比較沒有秩序的氣泡就被犧牲了。

這些簡單的氣泡已經來到了生命的門口，因為他們找到了遏止熵的方法，雖然只是暫時的，而且需要付出極大的努力。熵是宇宙間無序混亂的淨總量，除此之外，沒有其他的方法可以使其停止，而這正是生命的基本要素。這些像肥皂泡沫一樣綿密的細胞握緊了細小的拳頭，向無生命的世界提出挑戰[6]。

生命最令人驚異之處——除了生命本身的存在之外——或許就是生命發展的速度有多麼快。地球形成後才一億年，年輕的地球還不斷遭到來自太空的星體碎片轟炸，有些碎片甚至大到足以在撞擊月球表面之後造成大坑洞，但是生命卻已經在火山深處生存了[7]。到了

---

4 因為我主要是以說故事的形式來敘述，並不是嚴謹的科學論述，因此有些內容會有比較多的證據佐證，而其他的內容則未必。在我討論的議題之中，生命起源的情況或許是最不為人所知的部分——或許除了第十二章的大部分內容之外——所以這部分最接近虛構，有一部分的問題也是因為生命本身就很難定義。Carl Zimmer 的著作《*Life's Edge*》（Random House, 2020）就是在討論這個主題。

5 尤其是這些薄膜會累積電荷，並且藉著做一些有用的事情，例如驅動化學反應，來釋放電荷。基本上，這就是電池運作的原理。直到現在，生命依然是利用電力來提供動力，而且還出奇的有力。由於細胞內外的電荷差可以估算出來，以這麼微小的距離來說，內外的差異可能非常大，約為四十至八十毫伏特。關於電荷在生命起源中扮演的角色和其他內容，Nick Lane 在《*The Vital Question*》一書中有相當生動的描述。

6 想像一下青少年，他們正是利用挑戰近身周遭環境的秩序，來增加自己新生成的認知與良心。

7 地球上最古老的岩石從地球成形後一直保留到現在，年齡在三十八億至四十億年間；但是據了解，有一種稱之為鋯石的

三十七億年前，生命就已經從永遠暗無天日的海洋深處，拓展到陽光普照的海面上[8]。到了三十四億年前，數以兆計的生物就開始群聚起來，創造出從太空都可以看得到的礁岩[9]。這時候，生命就已經完全抵達地球了。

然而，這些礁岩的成分並不是珊瑚蟲——珊瑚幾乎要再過三十億年後才會出現在地球上——而是由一種稱為藍綠菌（Cyanobacteria）的微生物所製造出來像髮絲一樣細的綠色細絲與黏液所組成的，也就是今天在池塘裡形成藍綠色浮渣物質的同一類生物。他們整片整片地蔓延開來，覆蓋了岩石和海底的草原，等到下一次暴風雨來襲就會被砂石掩埋；不過他們並不屈服，會再次征服岩石，也會再次被掩埋，如此周而復始，一層又一層的黏稠物與沉積物堆疊成像軟墊一樣的土堆，這些土堆狀的物質就是所謂的層疊石（stromatolites），演變成這個星球上最成功、也最耐久的生命形態，主宰了這個世界長達三十億年[10]。

生命始於一個溫暖的世界[11]，不過除了風與海浪的聲音，這個世界悄無聲息。受到風勢擾動的空氣裡幾乎完全沒有氧氣，因為大氣層的外圍少了臭氧層的保護，太陽的紫外線讓海平面上或海平面下幾公分之內的所有生命都無法存活。為了抵禦紫外線，藍綠菌的菌群演化出一種色素，可以吸收這種有害的光線；而且藍綠菌在吸收了這些能量之後，還能加以利用，用來驅動化學反應。有些化學反應將碳、氫和氧等原子結合起來，製造出糖和澱粉，也就是

---

礦石結晶，雖然很細微卻非常堅韌，已經存在了超過四十四億年，當然也有比它更早的岩石，不過早就已經風化侵蝕殆盡了。有些古老的鋯石留有印記——只不過是眼角瞥見陰影後殘存的記憶幽靈——記錄了在四十幾億年前經過那裡的生命。生物有一種獨特的化學物質，主要跟碳原子有關。幾乎所有碳原子都有不同的形式，或稱為「同位素」，也就是碳 12；有一小部分的碳原子有一種稍微重一點的同位素，稱之為碳 13。生物體內的各種化學反應彼此環環相扣，其結果就是排斥碳 13，反而是碳 12 的含量會在無機環境中增加，而且這樣的差異是可以測量的。極古老的岩石中若是含有碳，而且相較於碳 12，碳 13 的含量比預期比例略低的話，可能就表示曾經有生命存在，雖然實際的身體殘骸早就已經消失了——就像是已經消逝的柴郡貓，仍然留下一抹微笑，成為曾經存在的證據。正是基於這樣的證據，我們才會宣稱至少在四十一億年前，地球上就已經有生命存在。證據就是一個鋯石結晶體內有一團碳石墨遺跡，其中碳 12 含量相對豐富，這就表示地球上的生命從很久以前就開始了，其起源甚至比最早的岩石還要更古老。請參閱 Wilde *et al.*, 'Evidence from detrital zircons for the existence of continental crust and oceans on the Earth 4.4 Gyr ago', *Nature* **409**, 175–178, 2001。

8 E. Javaux 對非常古老化石的解讀問題有令人景仰的說明，請參閱 'Challenges in evidencing the earliest traces of life', *Nature* **572**, 451–460, 2019。

9 在我寫此書時，有關地球上最原始生物起源的說法，一般公認是在澳大利亞史特雷湖的燧石區（Strelley Pool Chert），當地保留了不只一、兩種化石遺跡，而是一整個礁岩生態系，形成於三十四億三千萬年前在陽光照射下的溫暖海水中。請參閱 Allwood *et al.*, 'Stromatolite reef from the Early Archaean era of Australia', *Nature* **441**, 714–718, 2006。當然也有其他的說法，甚至可以追溯到四十億年前，不過這些說法都仍有爭議。

10 至少在演化出會啃食他們的動物之前，他們都還是地球的主宰。如今，疊層石只有在動物無法到達的極少數地方生存，其中之一就是澳洲西部的鯊魚灣，這裡的海水太鹹，除了黏稠物之外，沒有其他生物可以生存。

11 這很奇怪，因為當時的太陽不像現在這麼亮，處於一個所謂「初生太陽黯淡的悖論」階段。說這是悖論，主要是因為地球原本應該是一顆冰球，只不過早年的大氣層裡充滿了濃烈的溫室氣體，如甲烷，使得地球的溫度居高不下。

我們所謂的「光合作用」。於是，害處反而變成一種收穫。

在今天的植物中，這種吸收能量的色素稱之為葉綠素。它會利用太陽能將水分解成氫和氧這兩種成分，藉以釋放出更多的能量來驅動進一步的化學反應。然而，在地球誕生之初，使用的原料很可能還包括含有鐵、硫之類的礦物質，不過在當時——現在依然如此——水仍然是最豐沛的原料。但是這其中還有一個問題。光合作用會讓水產生一種廢棄物，一種無色無臭的氣體，不管碰到任何東西都會燃燒起來，是宇宙中最致命的物質之一。它叫什麼名字呢？自由氧，也就是氧氣：$O_2$。

最早期的生命是在海洋和深海演化出來的，這些地方基本上沒有自由氧，也免於環境的浩劫。從宏觀的角度來看，當藍綠菌開始嘗試行光合作用時——大約在三十億年前，或者更早——那時候還沒有什麼自由氧，頂多只能說是微量污染物。但是氧的力量非常強大，即使只有微量的存在，也會替那些在缺氧環境中演化出來的生命帶來災難，因此這些微量的氧就造成了地球史上的第一次大滅絕（後來又有好多次），一代又一代的生物就這樣被活活燒死。

⁂

到了大氧化事件——大約在二十一億至二十四億年前之間的一段混沌年代——自由氧變

多了，又不知道什麼原因，大氣層中的氧氣濃度開始驟升，比今天的百分之二十一要高出許多，然後又慢慢降到略低於百分之二。雖然以現代的標準來說，這樣的濃度還是太小，也無法呼吸，但是對整個生態系卻造成了巨大的影響[12]。

地殼活動激增，將大量富含碳的岩屑——也就是一代又一代生物遺留下來的屍體——埋入了海底，也阻絕了接觸氧氣的機會，結果就造成了自由氧過剩，並且跟它所接觸到的任何東西產生反應。氧會蝕刻岩石、讓鐵生鏽、將碳化為石灰岩。

在此同時，大量剛形成的岩石吸收了空氣中的甲烷與二氧化碳，這兩種氣體就像是隔熱毯中的絨毛內裡，讓地球保持溫暖，促進了我們所謂的「溫室效應」。但是少了甲烷與二氧化碳，地球陷入了第一次，也是最嚴重的一次冰河時期。從南極到北極，冰河覆蓋了整個星球，長達三億年之久。大氧化事件和後來的「雪球地球」時期是地球上的大災難，不過生命總是能夠從中迸發茁壯；有許多生命死亡，卻也激勵生命繼續向前邁進到下一次的演化。

12 大氧化事件的成因至今仍無定論。證據顯示，在這段期間，地球上有很多活動將原本藏在內部深處的氣體帶到地球表面。請參閱 Lyons *et al.*, 'The rise of oxygen in the Earth's early ocean and atmosphere', *Nature* **506**, 307–315, 2014；Marty *et al.*, 'Geochemical evidence for high volatile fluxes from the mantle at the end of the Archaean', *Nature* **575**, 485–488, 2019；以及 J. Eguchi *et al.*, 'Great Oxidation and Lomagundi events linked by deep cycling and enhanced degassing of carbon', *Nature Geoscience* doi:10.1038/s41561-019-0492-6, 2019。

在地球史的前二十億年，最複雜的生命形態是依附在細菌的細胞上。細菌細胞很簡單，不論是單獨存在，或是在海底彼此黏成一大片，又或者像藍綠菌一樣形成細長的絲狀，本身都是很微小的細胞。一個大頭針的針頭可以容納的細菌數量，就跟胡士托音樂會裡狂歡的群眾一樣多，而且還有餘裕[13]。

在顯微鏡下，細菌細胞看起來很簡單，而且沒有什麼特色。但是表面上的簡單是騙人的，因為就他們的習性與棲地來說，細菌具有強大的適應能力。他們幾乎在任何地方都可以生存，人體內（外）的細菌細胞數量比人體本身的細胞數量還要多得多。雖說某些細菌會造成嚴重的疾病，但是如果我們的腸胃道裡少了細菌幫忙消化食物，人類也無法存活。

人體內的酸度與溫度有極大的變化，但是對細菌來說，卻是一個溫和的場域。在柔和春日的氣溫下固然有細菌，但是熱水沸騰的茶壺裡也同樣有細菌生存；有些細菌可以存活在原油裡，或是會致癌的溶劑中，甚至核廢料裡；無論在真空中、極端的溫度或壓力下、甚或掩埋在鹽粒堆裡，都會有細菌活下來——而且還存活了好幾億年[14]。

細菌細胞的體型雖小，卻以愛好群聚聞名。不同種的細菌聚集在一起，彼此交換化學物質；某一種細菌的廢棄物，可能是另外一種細菌的食物。層疊石——誠如前文所述，就是地球上最早有生物跡象的地方——就是很多不同種類的細菌群聚之處。細菌甚至可以彼此交換部分的基因，正是這種簡單的交換，讓今天的細菌演化出對抗生素的抗藥性。就算某一種細菌缺乏對某種抗生素的抗藥基因，他也可以從生活在同一環境中的其他細菌身上自由取得這種抗藥基因。

不同種類細菌會形成聚落的特性，引發下一次的重大演化創新。細菌將群體生活提昇到另外一個層次——有核細胞。

在二十億年前的某一刻，一小群菌落出現了在共有薄膜內生存的習性[15]。最早是一個叫做古菌[16]的小細菌細胞發現自己必須仰賴周邊的一些細胞提供他生存所需的養分，這個小細胞將

---

13 就像 Joni Mitchell 所說的：「我們抵達胡士托時，就已經有五十多萬人了。」另外一位也是音樂節常客的記者寫道：「……現場有三十萬人在找廁所。」

14 詳見 Vreeland *et al.*, 'Isolation of a 250 million-year-old halo-tolerant bacterium from a primary salt crystal', *Nature* **407**, 897–900, 2000；J. Parkes, 'A case of bacterial immortality?', *Nature* **407**, 844–845, 2000。

15 這可能是因為大氧化事件所導致的創傷後遺症。

16 嚴格說起來，細菌（bacterium，複數為 bacteria）跟古菌（archaeon）是很不一樣的生物。但是他們體型都很小，也屬於

觸鬚伸到鄰居身上，以便更容易交換基因與物質。參與這個群體的細胞雖然沒有強制的約束力，但是彼此之間的依存度卻愈來愈高。

每一個成員都只專注在生命的某一個特定的面向。

藍綠菌專門吸收陽光，於是變成了葉綠體，也就是我們在植物細胞中看到的鮮綠色斑點；其他細胞則專門從食物中釋放能量，變成了粉紅色的小小能量包，稱之為粒線體，不論是動植物，只要是有核細胞幾乎都可以看得到[17]。這些細胞無論各有什麼專長，全都將他們的基因資源集中到核心的古菌，這就變成了細胞的核心——也就是細胞的圖書館，儲存了所有的基因資訊、記憶和傳承[18]。

這樣的分工讓菌落的生命變得更有效率，也更簡潔。原本只是鬆散的聚落，現在成了融合的實體，一個新的生命秩序——成了有核細胞或「真核」細胞。真核細胞組成的生物體，無論是只有一個細胞（單細胞生物）或是很多細胞聚集在一起（多細胞生物），都稱為「真核生物」[19]。

⁂

演化出細胞核之後，就會出現比較有系統的生殖系統。細菌細胞的複製通常都是分裂成兩個跟母體細胞完全一樣的複本，只有零星的個案，會因為加入了額外的基因物質而導致變化。

反之，真核生物則是父母雙方會各自製造出特殊的生殖細胞做為載體，在精密規劃下進

同一級的組織，所以我就用大家熟悉的「細菌」一詞來概括這兩種生物。

17 詳見 Martijn *et al.*, 'Deep mitochondrial origin outside sampled alphaproteobacteria,' *Nature* **557**, 101–105, 2018.18。

18 有一門分子考古學就是專門研究不同種類的細菌與古菌融合形成有核細胞的過程（M. C. Rivera and J. A. Lake, 'The Ring of Life provides evidence for a genome fusion origin of eukaryotes,' *Nature* **431**, 152–155, 2004；W. Martin and T. M. Embley, 'Early evolution comes full circle,' *Nature* **431**, 134–137, 2004）。形成細胞核心的古菌身分很模糊，因為他缺乏必備的有核細胞特色，例如蛋白質纖維的微型骨架。不過科學家已經在海床沉澱物中發現了這樣的古菌（Spang *et al.*, 'Complex archaea that bridge the gap between prokaryotes and eukaryotes,' *Nature* **521**, 173–179, 2015；T. M. Embley and T. A. Williams, 'Steps on the road to eukaryotes,' *Nature* **521**, 169–170, 2015；Zaremba-Niedzwiedska *et al.*, 'Asgard archaea illuminate the origin of eukaryote cellular complexity,' *Nature* **541**, 353–358, 2017；J. O. McInerney and M. J. O'Connell, 'Mind the gaps in cellular evolution,' *Nature* **541**, 297–299, 2017；Eme *et al.*, 'Archaea and the origin of eukaryotes,' *Nature Reviews Microbiology* 15, 711–723, 2017）。經過一番不懈的努力之後，終於在實驗室裡培養出這些細胞（Imachi *et al.*, 'Isolation of an archaeon at the prokaryote-eukaryote interface,' *Nature* **577**, 519–525, 2020；C. Schleper and F. L. Sousa, 'Meet the relatives of our cellular ancestor,' *Nature* **577**, 478–479）。奇怪的是，這些非常小的細胞卻能伸出長長的觸鬚去擁抱旁邊的細菌，有些是他們賴以維生的細菌；這可能就是形成細胞的前兆（Dey *et al.*, 'On the archaeal origins of eukaryotes and the challenges of inferring phenotype from genotype,' *Trends in Cell Biology* 26, 476–485, 2016）。

19 直至今日，大部分的真核生物都存活在單一細胞內。單細胞的真核生物包括了花園池塘中發現的阿米巴蟲和草履蟲，以及許多引起疾病的生物體，如瘧疾、熱帶嗜睡症和黑熱病。由許多細胞聚集在一起組成身體的真核生物，則包括動物、植物、真菌和許多藻類，如海藻；就算是多細胞的真核生物，其生命週期也有一部分是以單細胞形式存在的。親愛的讀者，你們都是來自一個細胞。

行基因物質的交換。來自父母雙方的基因混合在一起，形成基因藍圖，進而創造出獨特的新個體，與父母的任何一方都不一樣。這種精緻的基因物質交換過程，我們就稱之為「性」[20]。有性生殖促進了基因變化的增加，也導致多樣性遽增，其結果就是演化出大量不同種類的真核生物，久而久之，就出現了真核細胞匯聚在一起所形成的多細胞生物[21]。

從十八億五千萬年到八億五千萬年前的這十億年間，真核生物在不動聲色也毫不起眼的狀態下出現了[22]。他們在十二億年前左右，開始變化成不同的形態，可以視為藻類和菌類早年的單細胞親戚，即單細胞的原生生物，或是我們過去統稱為「原生動物」的單細胞生物[23]。這時候，他們第一次冒險離開海洋，開始在內陸的淡水湖和溪流中落腳[24]。原本沒有生命的海岸開始布滿了藻類、菌類和地衣等生物形成的堅硬外殼[25]。

有人甚至針對多細胞生物進行實驗，例如十二億年前的海藻 *Bangiomorpha*[26]和約九億年前的史前真菌 *Ourasphaira*[27]。不過奇怪的是，目前已知最早出現的多細胞生物跡象，是在二十一億年前；其中有些生物的尺寸還有十二公分寬，根本不需要顯微鏡就可以看得到，可是以現代的眼光看來，他們的形狀太過怪異，所以他們跟藻類、菌類或其他生物之間的關係還不清楚[28]。這些可能是某種形式的菌群，但是我們不能排除可能曾經有各類完整的生物存在——包括細菌、真核生物或其他完全不一樣的東西——只是他們在滅絕之後沒有留下任何後代，所以才讓我們難以理解。

20 「性」（sex）與「性別」（gender）是兩個完全不同的概念。最早，參與繁殖的雙方都各自製造出大小差不多一樣的性細胞；後來，其中一個「交配型」製造出數量比較少但是體型比較大的性細胞，我們稱之為「卵子」，而另外一方則製造出大量體型較小的性細胞，稱之為「精子」，這時候才有「性別」之分。這對製造精子的一方比較有利，因為他可以同時讓愈多的卵子受精；反之，則對製造卵子的一方不利，因此她會對精子的品質比較挑剔，只挑選最好的精子讓她儲存量有限的卵子受精。雌雄（男女）之間的戰爭由是展開。

21 多細胞生物曾經單獨演化過許多次（請參閱 Sebé-Pedros *et al.*, 'The origin of Metazoa: a unicellular perspective', *Nature Reviews Genetics* **18**, 498–512, 2017）。除了動物之外，多細胞生物還包括植物及其近親，如綠藻、各種紅色與褐色的藻類，以及各種真菌。然而，大部分的真核生物仍然維持單細胞型態——**所有**真核生物的性細胞也是一樣，包括人類的精卵細胞。因此，從某個層面來說，我們可以將多細胞型態視為一種支援機制，可以更有效率地提供性細胞之所需。

22 地質學家以相當貶抑的口吻將這段地球史說成是「無趣的十億年」，因為在這段期間，地殼大多都很安靜，沒有什麼劇烈的變動。

23 原生生物（protists）包括範圍極廣且種類繁多的單細胞真核生物，過去就像是丟進垃圾桶似的，全部統稱為「原生動物」（protozoa）。除了我們熟悉的池塘生物，如阿米巴蟲和草履蟲等，還有一些生物對地球體系相當重要，包括形成「紅潮」的雙鞭毛蟲、有孔蟲、在礦物質測試中會出現美麗光澤的鈣板藻（又稱球石藻）；或是可以拿來製藥，如瘧原蟲以及會引起嗜睡症的錐蟲；又或者只是純粹好玩，看起來令人驚異，例如雙鞭毛蟲門裡單眼藻就長了一個完整的眼睛，不但有類似角膜的薄膜，還有水晶體和視網膜（請參閱 G. S. Gavelis, 'Eye-like ocelloids are built from different endosymbiotically acquired components', *Nature* **523**, 204–207, 2015）。原生生物就像傑克羅素㹴犬：體型雖小，個性不減。

24 詳見 Strother *et al.*, 'Earth's earliest non-marine eukaryotes', *Nature* **473**, 505–509, 2011。

25 地衣是藻類和菌類的親密夥伴，所以可以視為獨特的物種。Merlin Sheldrake 在《*Entangled Life: How Fungi Make Our Worlds, Change Our Minds, and Shape Our Futures*》（London: The Bodley Head, 2020）一書中，對地衣有詳實的專文討論。

26 詳見 N. J. Butterfield, '*Bangiomorpha pubescens* n. gen. n. sp.: implications for the evolution of sex, multicellularity, and the Mesoproterozoic/Neoproterozoic radiation of eukaryotes', *Paleobiology* **26**, 386–404, 2000。

27 詳見 C. Loron *et al.*, 'Early fungi from the Proterozoic era in Arctic Canada', *Nature* **570**, 232–235, 2019。

28 詳見 El Albani *et al.*, 'Large colonial organisms with coordinated growth in oxygenated environments 2.1 Gyr ago', *Nature* **466**, 100–104, 2010。

地球即將迎來一場大暴雨，第一聲雷鳴則來自超級大陸羅迪尼亞（Rodinia）的分裂與崩解，其中包括了當時所有的重要陸地[29]。大陸分裂的一個結果就是造成了大氧化事件以來從未見過的一連串冰河時期，前後持續了八千萬年，也跟前次的冰河時期一樣，覆蓋了整個地球。只不過生命的反應是再次迎向挑戰。

生命演化出各種溫馴的海藻、藻類、菌類和地衣，進入存活名單。他們以堅韌、多變的風貌現身，無懼冰冷的考驗。

如果說地球上的生命是在烈焰中鍛造出來的，那麼生命則是在冰雪中焠鍊得更堅強。

29 板塊構造是活的。每隔幾億年，大陸就會聚集成一個超級大陸，等到地球深處的岩漿再度從底下冒出來，裂解了大陸板塊，這才又分開。最近一次聚集而成的超級大陸是盤古大陸（Pangaea），大約在兩億五千萬年前，陸塊的面積達到頂點；在此之前的是羅迪尼亞大陸，而更早的則是哥倫比亞大陸；另外，根據證據顯示，還有更早之前的超級大陸。關於超級大陸，可以參考我的朋友 Ted Nield 所寫的《*Supercontinent*》（London: Granta, 2007），書中有你需要知道的所有資訊。有些人可能會以為這本書講的是骨盆底運動（即凱格爾運動），但是 Ted 向我保證說絕非如此。

# 時間軸（二）地球上的生命

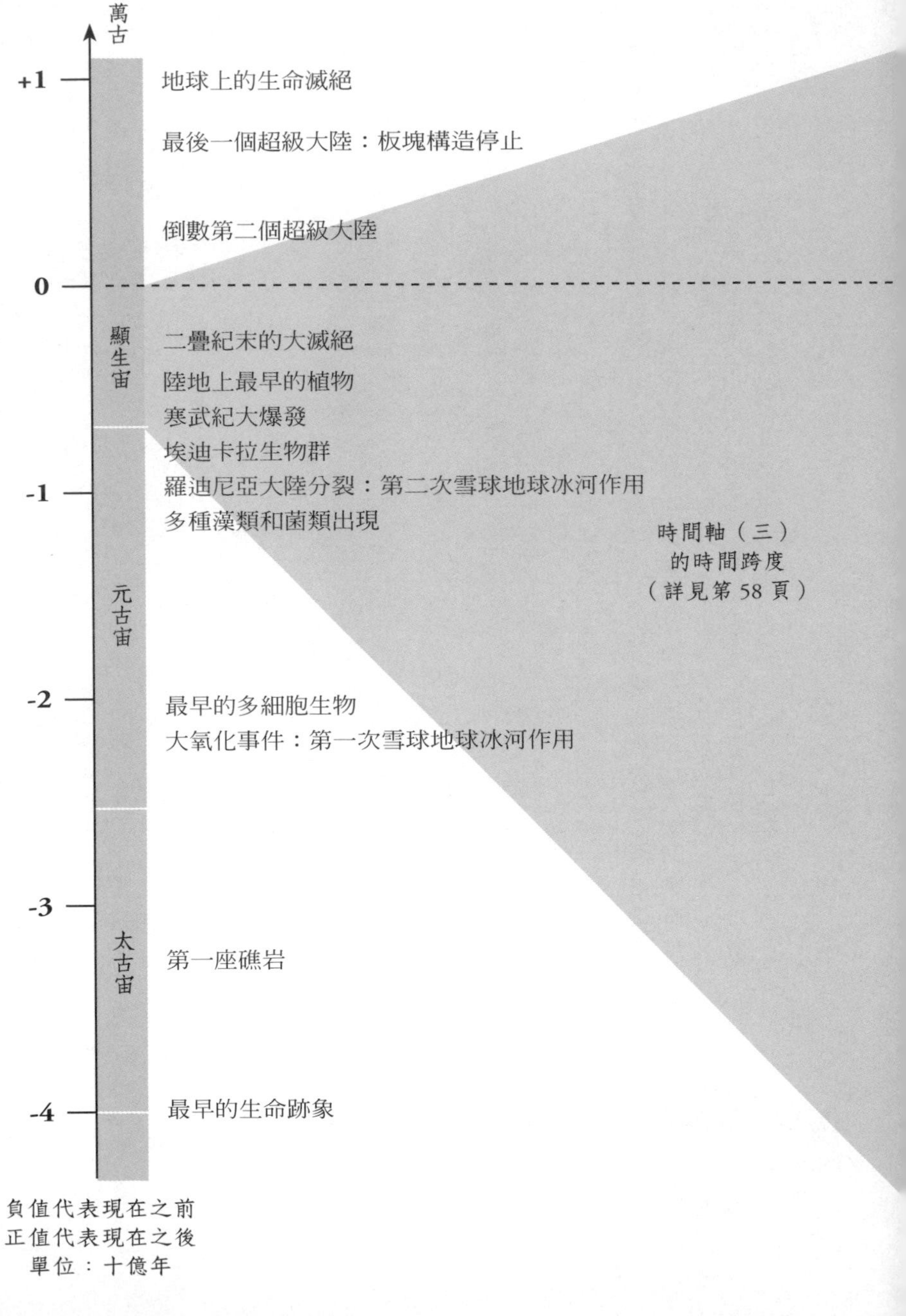
萬古
+1
0
-1
-2
-3
-4
顯生宙
元古宙
太古宙
地球上的生命滅絕
最後一個超級大陸：板塊構造停止
倒數第二個超級大陸
二疊紀末的大滅絕
陸地上最早的植物
寒武紀大爆發
埃迪卡拉生物群
羅迪尼亞大陸分裂：第二次雪球地球冰河作用
多種藻類和菌類出現
時間軸（三）
的時間跨度
（詳見第 58 頁）
最早的多細胞生物
大氧化事件：第一次雪球地球冰河作用
第一座礁岩
最早的生命跡象
負值代表現在之前
正值代表現在之後
單位：十億年

# 02

# 動物群聚

羅迪尼亞超級大陸的分裂大約始於八億兩千五百萬年前，持續了將近一億年，留下了圍繞赤道的一圈陸地。伴隨大陸分裂而來的則是劇烈的火山爆發，將大量火山岩噴發至地球表面，其中大部分是稱為玄武岩的火成岩。玄武岩很容易受到風雨侵蝕，而這些新裂解的大陸又有很多都集中在熱帶地區，這裡的高溫與潮濕氣候讓風化作用變得更嚴重。

風雨天候不但導致玄武岩剝落墜入海中，也讓大量富含碳的沉積物質落入深海，遠離氧的接觸。如果碳在氧化之後形成二氧化碳，地球就會因為溫室效應而暖化；反之，若是大氣中少了碳，溫室效應就會停滯，地球就開始冷卻。碳、氧與二氧化碳共舞，在接下來的地球史上譜出了生命的節奏，讓生命開始在地球表面蔓延。

羅迪尼亞陸塊碎片風化的結果，就是讓地球從七億一千五百萬年前開始，進入一連串遍及全世界的冰河時期，而且持續了將近八千萬年。

正如同十多億年前在大氧化事件後的那段期間，這些冰河時期同樣刺激了生物演化，準備好舞台，讓一種更活躍的新型真核生物出場——也就是動物[30]。

*

被沖刷入海的碳進入了大洋，這裡除了海面上很薄的一層海水可以接觸到空氣之外，其他的地方幾乎都沒有氧氣。即便如此，當時大氣中的氧氣濃度還不到今天的十分之一，而陽光照射的海面含氧量更低，這樣的含氧量所能維持的動物生命，大小不會超過這個句子最後面的句點。

話雖如此，仍然有動物設法在如此稀薄的氧氣中存活，這種動物就是海綿。海綿最早在八億年前出現[31]，也就是羅迪尼亞大陸開始分裂之際。

海綿從過去到現在都是很簡單的動物。雖然海綿的幼體很小，也會移動，但是成年的海綿終其一生都留在同一個地方。成年海綿的組成也很簡單，就是一大群細胞集結成一堆，呈不規則狀，有數以千計的小孔、渠道和空洞穿插其中；沿著空洞排列的細胞揮舞著像髮絲一樣的延伸物，稱之為纖毛，藉此將水流吸進來，而其他的細胞則從水流中吸收碎石殘渣。海綿沒有明顯的器官或組織，若是將活海綿推過篩子，使其散落到水中，回到水裡的海綿會自

---

30 這部分的內容大多出自 Lenton *et al.*, 'Co-evolution of eukaryotes and ocean oxygenation in the Neoproterozoic era', *Nature Geoscience* **7**, 257–265, 2014。

31 海綿的演化日期仍有爭議。用來判斷年代的針狀體，也就是形成海綿骨骼的主要成分，在寒武紀之前絕少出現；而被視為海綿特徵的「分子」化石，則有可能是由原生生物組成的。請參閱 Zumberge *et al.*, 'Demosponge steroid biomarker 26-methylstigmastane provides evidence for Neoproterozoic animals', *Nature Ecology & Evolution* **2**, 1709–1714, 2018；J. P. Botting and B. J. Nettersheim, 'Searching for sponge origins', *Nature Ecology & Evolution* **2**, 1685–1686, 2018；Nettersheim *et al.*, 'Putative sponge biomarkers in unicellular Rhizaria question an early rise of animals', *Nature Ecology & Evolution* **3**, 577–581, 2019。

行組合成不同的形狀，還是一樣活得好好的，同樣功能齊全。這樣的生命形態只需要很少的能量——和一點點氧氣就夠了。

但是我們絕不能因此就瞧不起這種簡單的生命，因為在最早的海綿存活下來之後，他們就改變了整個世界。

海綿生長在覆蓋海底的黏稠物地毯之中，像篩子一樣過濾出水中的物質粒子，一隻海綿每天可以過濾的水量很小，但是數十億隻海綿經過數千萬年就可以造成極大的影響。海綿這種緩慢而穩定的工作，在海底累積了大量無法跟氧產生反應的碳，同時也清理了周遭水中的殘渣，免於遭到吸氧腐敗的細菌吸收消化，其結果就是導致溶於水中以及直接接觸水面的大氣層裡的氧氣緩慢增加[32]。

比海綿高級很多的動物，如水母以及類似蠕蟲的小動物，則以較小的真核生物與細菌為生——他們生活在最靠近海面、有陽光照射的浮游生物層[33]。首先，表層海水的氧氣比較多，但是生活在浮游生物層裡的生物一旦死後，富含碳的屍體就會很快地沉入海底，而不是繼續漂浮在水中，所以讓氧分子無法接觸到更多的碳，也讓更多的氧留在海洋與大氣中。

雖然有些浮游生物的體型夠大，不用顯微鏡，直接用肉眼也可以看得到，但是許多浮游生物的體型都很小，小到養分和廢棄物都會滲透過他們的身體，直接進出；而稍微大一點點的生物則演化出專門吸收養分、排泄廢棄物的地方，這個地方就是口器，不過也兼具排泄的雙重功能。

有些原本不起眼的蠕蟲物種發展出肛門，在生物圈引起了一場革命。這是生物的廢棄物首次被濃縮成固態顆粒，而不只是一般溶於水中的排泄物；這些糞便會很快地沉入海底，而不是慢慢地擴散，也因此引發了一場競相奔赴海底的比賽。會導致腐敗的吸氧因子都集中全力專攻海底，而不在水中漂來漂去，於是原本渾濁發臭的海洋變得較清澈，不過仍然富含氧

32 詳見 Tatzel *et al.*, 'Late Neoproterozoic seawater oxygenation by siliceous sponges', *Nature Communications* **8**, 621, 2017。這不禁讓人聯想起達爾文在一八八一年出版的最後一本著作《腐植土的產生與蚯蚓的作用》（*The Formation of Vegetable Mould through the Action of Worms*），不久之後，這位偉大的人物就辭世了。我想你很難找到一本比這個還要更不起眼的書名——話雖如此，我確實在書架上找到一本送來給《自然》雜誌審閱的大部頭書，叫做《活化的爛泥》（*Activated Sludge*），不過這就離題太遠了。——《蚯蚓》一書（研究達爾文的學者通常都以此簡稱這本書）顯示蚯蚓翻土的行動在經年累月之後會改變地景。時間與變化是主導達爾文一生的偉大主題，既然拙作正是以大家都能理解的方式概述這樣的主題，就不得不說《蚯蚓》一書是他發揮天才的登峰造極之作。他真的記錄了蚯蚓攪動他家後院草皮一塊石頭下的土壤，需要花多久時間才會讓石頭下沉，藉以測量蚯蚓的影響力，果然不失為達爾文！

33 嚴格說起來，浮游生物（plankton）一詞指的是海洋的一部分，而不是指生活在其中的生物。浮游生物層是海洋中陽光可以照射到的表層，因為有海藻行光合作用，所以氧氣濃度高，也有豐富的動物生存其中，以藻類和彼此維生。很多成年後固定生活在海底的動物（包括海綿），在幼體時期也生活在浮游生物層。

氣——足以演化出大型的生命形態[34]。

肛門的發展還有另外一個結果：一端有口而另外一端有肛門的動物因此有了明確的行進方向——頭在前，尾在後。起初，這些動物靠著鋪在海底長達二十多億年的黏稠物地毯維生，撿拾地毯上的碎屑。

然後，他們開始挖掘地毯底下的東西；接著又開始吃掉黏稠物本身。層疊石不受挑戰的統治就此結束。

等到動物將黏稠物吃個精光之後，他們就開始吃掉彼此。

雖然還是需要跟全球冰河作用這樣的小事競爭，但是演化改變仍然在困境中茁壯。海藻欣欣向榮，為細菌以外的早期動物提供營養充足的膳食[35]。

也許正是雪球地球冰河作用這種嚴酷環境，逼著動物往增加複雜性的方向前進。正如格言所述：「凡是殺不死你的，都會讓你變得更強壯。」早年的動物生命也必須夠強韌，才能在史上最艱困、最嚴苛的環境中存活下來。等到冰河退卻——如同地球史上所有的冰河作用一樣，冰河終究會退——存活下來的動物變得更精實、更不起眼，卻更有能力迎接地球給他們的各種挑戰。

到了約六億三千五百萬年前，也就是所謂的埃迪卡拉紀時期，有大量的動物生命爆發。第一批爆發的動物生命是類似植物的美麗生命形態，其中有許多都無法分類[36]。雖然有些是動物，但是其他的可能只是地衣或菌類，或是不確定彼此之間有什麼關係的群聚生物——甚或是我們無從比對、完全陌生的東西。

其中之一就是狄金森蠕蟲（*Dickinsonia*），那是一種美得驚人的生物，體型寬扁，像是煎餅，而且是一節一節的。你可以想像他們在沉積物上優雅地滑行，就像是今天的扁蟲或海蛞

34 詳見 Logan *et al.*, 'Terminal Proterozoic reorganization of biogeochemical cycles', *Nature* **376**, 53–56, 1995。

35 註見 Brocks *et al.*, 'The rise of algae in Cryogenic oceans and the emergence of animals', *Nature* **548**, 578–581, 2017。

36 所謂的埃迪卡拉紀動物群之名，來自澳大利亞南部的山脈，那裡發現了那個時代的第一批化石。此後，在全世界的各個地方都發現了埃迪卡拉紀化石，從冰冷的俄羅斯北極、狂風肆虐的紐芬蘭和納米比亞的沙漠，到環境相對溫和的英格蘭中部。

蝓[37]。另外一種化石則是金柏拉蟲（*Kimberella*），他們可能是軟體動物最早出現的親戚[38]。其他的像葉狀形態類生命（rangeomorphs）就更難以分類了；他們的外形像辮子麵包，可能終其一生都停留在同一個地方，不過卻像草莓一樣，會在母體周圍長出新的群體[39]。這些外形奇特、美麗又陌生的生物，生長在一個寧靜安詳的世界，他們生活在淺海，藏身在海藻之間，點綴著海岸線[40]。

早期的埃迪卡拉紀生物多半是這種類似植物的軟體生物，至於會跑來跑去且外形更像動物的生物，則要稍晚才會出現，大約在五億六千萬年前——同時出現的還有大量的生痕化石。所謂生痕化石並不是生物本身留下來的印記，而是他們活動的痕跡，包括行蹤記號、洞穴溝渠等。生痕化石就像是犯人在犯罪現場遺留的腳印一樣耐人尋味，我們可以從一個腳印判斷犯人的身形，甚至他們的意圖，但是卻無從判斷其他事情，比方說，他們的穿著打扮，或是攜帶了什麼武器——這些都要在犯罪現場人贓俱獲才會知道。以生痕化石來說，我們很少——真的很少、很難得——能夠做到這一點。其中一個例子就是名為穗狀夷陵蟲（*Yilingia spiciformis*）的化石，他們存活在埃迪卡拉紀的非常末期；我們偶爾會在他們留下來的蹤跡末端找到蟲體本身的樣本，其外形就像是今天的漁夫經常用來做魚餌的環節蠕蟲[41]。

這些蹤跡的重要性難以估計，就像是動物最早開始移動時那個演化瞬間所留下來的回聲或是殘影。在此之前，生物通常都是固定在某一個地點，或者說，至少在他們生命週期的某一段時間是固定不動的。會留下行蹤或足跡的動物，幾乎全都有定向肌肉運動的習慣。如果一個生物的食物來源就在附近，那就沒有必要從一個地方跑到另外一個地方去覓食；然而，如果動物只是朝著單一方向移動，那麼通常就是為了找尋什麼東西，而動物的嘴又在身體的某一端，所以他們尋找的就一定是食物了。在埃迪卡拉紀中期的某個時候，動物開始積極地以彼此為食物；一旦有這樣的事情發生，他們也會開始想方設法避免自己被其他動物吃掉。

動物若想要在泥裡挖洞，就必須有堅硬厚實的身體，才能穿透沉積物。有好幾種方法可

---

37 我們現在認定狄金森蠕蟲是一種動物，只不過還不知道是什麼樣的動物。請參閱 Bobrovskiy *et al.*, 'Ancient steroids establish the Ediacaran fossil *Dickinsonia* as one of the earliest animals', *Science* **361**, 1246–1249, 2018。

38 詳見 Fedonkin and Waggoner, 'The Late Precambrian fossil *Kimberella* is a mollusc-like bilaterian organism', *Nature* **388**, 868–871, 1997。

39 詳見 Mitchell *et al.*, 'Reconstructing the reproductive mode of an Ediacaran macro-organism', *Nature* **524**, 343–346, 2015。

40 Gregory Retallack 認為有些埃迪卡拉紀的動物生活在陸地上，這種說法只能說還有爭議。請參閱 G. J. Retallack, 'Ediacaran life on land', *Nature* **493**, 89–92, 2013；S. Xiao and L. P. Knauth, 'Fossils come in to land', *Nature* **493**, 28–29, 2013。

41 詳見 Chen *et al.*, 'Death march of a segmented and trilobate bilaterian elucidates early animal evolution', *Nature* **573**, 412–415, 2019。

以讓身體變得堅硬，比方說，動物的身體內部有骨骼支撐，如傑克羅素㹴犬；又或者是有堅硬的外殼，如螃蟹。外骨骼在剛開始的時候多半是柔軟有彈性的（像是蝦子），但是也可能變得堅硬或礦石化（如龍蝦）。另外一種方法就是用一連串重覆的環節來組織身體，每一個環節內都充滿液體，並且以一種像是隔板的東西將前後環節區分開來。如果這些環節的外圍包覆著堅硬的管狀肌肉，就可以在環節上施加壓力，讓身體鑽進土壤裡。如果你能像這樣移動身體的話，你就是一條蚯蚓。

蚯蚓在海裡的親戚大多也是這樣做的，但是他們有很多會在每一個環節上長出像是四肢的柔軟物，來幫助他們挖洞、划水，或是在海底爬行。有些最早的動物生痕化石，如穗狀夷陵蟲所留下來的生痕化石，可能就是類似這樣的蠕蟲。

像環節蠕蟲這種動物的結構組織，比水母甚或非常簡單的扁蟲要複雜得多，其中最關鍵的差異在於他們有內外之別。

基本上，水母和簡單的扁蟲沒有內部，他們的腸道就是表面的一個囊袋，對外的聯通口既是口腔，也是肛門；反之，比較複雜的動物則有貫通的腸道，一端是口腔，另外一端則是肛門，甚至還可能有內部的腔室，藉以區隔貫通的腸道與外部表面，而內臟器官就是在這樣的空間發展出來的。

總而言之，像水母等級的動物體內缺乏儲存空間。內部空間的出現，意味著內臟有了成長的空間，不再跟外部表面連接在一起，得以發展出複雜的大型內臟器官以及較大的體型。如果你選擇的生存之道是吃掉同儕生物的話，擁有大型內臟與較大的體型，當然就比較占優勢。

如果這是你選擇的生存之道，那麼你就需要牙齒。如果你是想要避免被別人吃掉，那麼就需要盔甲。在有如伊甸園的埃迪卡拉紀，主要都是濕軟黏稠、一壓就扁的動物，完全沒有防禦能力。被驅逐出伊甸園是一件殘酷無情的事——那是由地球的另一次劇變所引發的。

事情發生在埃迪卡拉紀的最末期，地球經歷了另外一次嚴重風化的時期，地殼受到氣候的重大衝擊，大部分的表面土地都遭到侵蝕，土壤沒入海底，地表裸露出岩床。這造成了兩個影響：第一，海平面顯著上升，淹沒了海岸，為海洋生命創造更多的空間；第二，海裡突然多出了像鈣這樣的化學元素可以使用，而這正是貝殼與骨骼的主要原料[42]。

最早的礦石化骨骼大約出現在五億五千萬年前，屬於一種名為克勞德管蟲（*Cloudina*）的動物。他們看起來像是非常小的冰淇淋甜筒堆疊起來，一個接著一個套在一起[43]。全世界各地都曾經發現過克勞德管蟲的化石，而且儘管是這麼早期的生物，有些化石就已經有證據顯示他們的身體曾經被某種具有尖銳舌頭的不知名掠食者穿透過[44]。稍晚一點，大約在五億四千一百萬年前，化石紀錄中廣泛出現了一種稱之為鋸形跡（*Treptichnus*）的生痕化石，是由不知名的動物在海底留下來的一種特殊的洞穴。鋸形跡標示著寒武紀的開始，也是動物生命的第二次大爆發——這些動物會挖洞、蠕動、打鬥，還會吃掉彼此。他們有經過鈣成分強化的骨骼，還有牙齒。

最為人所知的寒武紀動物，或許就是三葉蟲了。他們屬於節肢動物[45]——也就是肢體有關節的動物——外形類似球潮蟲或木蝨，在寒武紀初始到泥盆紀的這段期間，是海裡常見的動物，之後就開始衰退，直到約兩億五千兩百萬年前，也就是二疊紀末期，才完全滅絕。

三葉蟲是相當常見的化石，幾乎每一位化石收藏家都至少會有一塊三葉蟲的化石，但是千萬不要因為很常見或是到處都有，就低估了他們。三葉蟲是一種精緻又美麗的動物，複雜程度不下於現在存活的任何一種動物。他們有外骨骼，會在成長過程中蛻殼，就跟今天的節肢動物一樣——從最小的蠓到最大的龍蝦，無一例外。而他們最令人刮目相看的部分，或許就是眼睛了，每一顆眼睛都有數十到上百個面，就跟蜻蜓一樣，每一面都在化石中以結晶碳酸鈣的形式保存下來。當然這其中也有各種不同變化。有些三葉蟲的眼睛特大，有些則看不到；有些三葉蟲擅長在海底淘寶，有些則擅長游泳。

不過，在寒武紀出現的生命形態，可不只三葉蟲而已。

42 動物身體上堅硬的部分，幾乎全都含有鈣的成分。以蛤蜊來說，是碳酸鈣；以脊椎動物來說——如魚類、人類等——則是磷酸鈣。詳見 S. E. Peters and R. R. Gaines, 'Formation of the "Great Unconformity" as a trigger for the Cambrian Explosion', *Nature* **484**, 363–366, 2012。

43 我們很難發現到底是什麼樣的動物塑造出這種被稱為克勞德管蟲的堆疊圓錐形骨骼。罕見被保存下來的軟組織顯示他們是一種具有貫通腸道的蠕蟲類動物。詳見 Schiffbauer *et al.*, 'Discovery of bilaterian-type through-guts in cloudinomorphs from the terminal Ediacaran Period', *Nature Communications* **11**, 205, 2020。

44 詳見S. Bengtson and Y. Zhao, 'Predatorial borings in Late Precambrian mineralized exoskeletons', *Science* **257**, 367–369, 1992。

45 節肢動物包含了迄今為止最成功的動物群，包括昆蟲及其海洋表親——甲殼類動物；馬陸和蜈蚣；蜘蛛、蠍子、蟎蟲和蜱蟲；還有比較不顯眼的海蜘蛛和馬蹄蟹，以及許多已經滅絕的物種，例如廣翅鱟目（eurypterids）動物，當然還有三葉蟲。節肢動物的近親還包括奇特的有爪蟲（onychophores）或稱天鵝絨蟲，如今，他們卑微地生長在熱帶森林地面的落葉之中，不過卻曾經在海洋中擁有輝煌的歷史；另外還有緩步動物（tardigrades），又稱水熊蟲，他們生活在苔蘚中，幾乎堅不可摧，能夠承受沸騰、冰凍和真空環境，是奇特又可愛的小生物。

約莫在五億八百萬年前的某一天，在現今英屬哥倫比亞這個地方，發生了一次土石流，有一部分的海床被沖刷到更深的海底——當然也包括海床裡或海床上的所有一切。動物全都完整無缺地埋進土裡，處於幾乎無氧狀態。這種急速掩埋的過程確保了動物的完整，連軟組織的精密細節，在經過了大約五億年後，也幾乎還保持原狀。在這段時間，岩石以非常緩慢的速度被壓縮成頁岩，並且在過去這五千萬年間，從海裡推升到北美的最高峰，也就是我們現在所知在一九〇九年發現的伯吉斯頁岩（Burgess Shale）。埋在這些頁岩裡的生物，讓我們瞥見寒武紀時期難得一見的古老海床生命。

這真是罕見的動物奇觀。一整排的動物，有些帶刺，有些肢體有環節，還有一些有嘎嘎作響的爪子或是帶羽毛的觸鬚，全都跟今天的各種甲殼類動物、昆蟲和蜘蛛有一些若有似無的親屬關係。其中有些動物，即使拿來跟現今豐富多樣的節肢動物相比，也還是非常的古怪。比方說，有一種歐巴賓蟲（*Opabinia*），他有五個柄眼，像軟管一樣柔軟的口鼻末端，還長了可以抓住東西的特殊下頜。

還有一種奇蝦（*Anomalocaris*），是身長一公尺的掠食者，會在深海巡弋，找尋獵物，再用銳利的螯，將獵物塞進像垃圾研磨機一樣的圓形口腔裡[46]。

其中最重要的就是怪誕蟲（*Hallucigenia*）了，這種像蠕蟲般的生物在海底爬行，背上長了兩排笨重的長刺，保護他們不受在頭頂上游來游去的其他生物攻擊。

在伯吉斯頁岩中發現的生物，有許多跟現今還存活的動物都只有非常疏遠的親屬關係[47]。然而，我們還是可以藉此分辨每一個化石跟哪些重要的動物群體有關，即使只是一表三千里的遠親。不只是節肢動物——就最廣義的範圍來說，其中包括了怪誕蟲和看起來像是現代「天鵝絨蟲」的化石，他們在熱帶森林地面的落葉之中爬行，每一個看起來都像是有米其林寶寶那種矮胖短腿的蚯蚓——還有一些動物跟那些在沉積物中挖洞的各種蠕蟲有關。

節肢動物帶刺，一如軟體動物軟爛，二者之間還是有相似之處，至少在內部是如此。有一種威瓦西亞蟲（*Wiwaxia*）就結合了環節蠕蟲的身體和軟體動物的粗糙舌頭（或稱為齒舌）——現代的蛞蝓就是用這種齒舌在你的萵苣上造成巨大的災害——只不過他們都穿著一身最不像蛞蝓的鐵甲鎖鎧[48]。另外一種有齒舌的動物則是齒謎蟲（*Odontogriphus*），看起來就像是

---

46 篩蝦（*Tamisiocaris*）是奇蝦的親戚，顯然天性比較和平，他們的爪狀前額附肢演化出穗狀的刷子，適合用來收集浮游生物，功能類似鯨鬚或姥鯊的鰓耙（詳見 Vinther *et al.*, 'A suspension-feeding anomalocarid from the Early Cambrian', *Nature* **507**, 496–499, 2014）。奇蝦跟許多寒武紀的生命形態不同，他們存活到了奧陶紀，這時候的濾食性物種可以長到兩公尺以上的驚人尺寸（Van Roy *et al.*, 'Anomalocaridid trunk limb homology revealed by a giant filter-feeder with paired flaps', *Nature* **522**, 77–80, 2015）。

47 跟一九八〇年代相比，現在這樣說可能更不正確了。當時，Stephen Jay Gould 才剛出版《奇妙的生命》（*Wonderful Life*）一書，是他對伯吉斯頁岩的謳歌，也是這本書讓社會大眾開始注意到早期的海洋生命。他表示伯吉斯頁岩化石裡的許多動物，都跟現今存活的動物沒有近親關係。

48 詳見 Zhang *et al.*, 'New reconstruction of the *Wiwaxia* scleritome, with data from Chengjiang juveniles', *Scientific Reports* **5**, 14810,

一張氣墊床加上了咖啡研磨機。這也是最早期軟體動物的親戚[49]。

在其他地方還有非常原始的內克蝦（*Nectocaris*），那是一種像魷魚卻沒有殼的生物，也是已知的頭足軟體家族中最早的成員[50]。今天，這個家族包括了章魚，是所有無脊椎動物中最聰明、也最奇特的一種；還有體型最大的南極大王魷。頭足類動物的化石史，跟他們在現代的代表一樣精采，最早是從鸚鵡螺類的動物演化出來的魷魚，他們的外殼有如小喇叭，身長可以達到好幾公尺——就在內克蝦之後不久——最後，到了恐龍時代，有些捲在一起的菊石可以長到像卡車輪胎那麼大，優雅地在海洋裡悠遊。

自從發現了伯吉斯頁岩之後，又陸續發現了約莫相同年代的類似沉積物，其中包括中國南方的澄江生物群，還有從澳大利亞南部到格陵蘭北部，幾乎橫越整個地球的各種生物化石。所有的化石都保存了驚人的保真度，連最小的細節也忠實呈現。比如說，撫仙湖蟲（*Fuxianhuia*），一種像蝦一樣的化石，就是以鉅細靡遺聞名，甚至還可能研究出他們大腦內部的神經系統[51]。

如此驚人的完整保存實屬罕見，這是地質環境與生化掩埋完美風暴的結果。在大部分的情況下，即使發現化石，也只是身軀已與礦物質相結合的堅硬部分：如外殼、骨骼、牙齒等，而不會是神經系統、鰓或內臟。我們很早就已經知道其他與伯吉斯頁岩同時期的化石，但它們全都是堅硬貝殼類的化石：在埃迪卡拉紀末期突然間與礦物質融合沉入海底所留下來的遺跡，讓動物得以包覆在盔甲的保護之中。

寒武紀只有五千六百萬年，但是在這段期間卻出現了前所未見的生命形態大爆發——當然除了生命本身的出現之外——不對，應該說，不只是前無古人，更是後無來者。雖然五千六百萬年的時間不算短，但是相較於後來的四億八千五百萬年間，只看到進一步闡釋已經發展完整的主題，這短短時間內的生命大爆發確實是奇蹟。況且，五千六百萬年，也還是不及大型恐龍滅絕迄今的六千六百萬年。

---

2015。

49 詳見 Caron *et al.*, 'A soft-bodied mollusc with radula from the Middle Cambrian Burgess Shales', *Nature* **442**, 159–163, 2006；S. Bengtson, 'A ghost with a bite', *Nature* **442**, 146–147, 2006。

50 詳見 M. R. Smith and J.-B. Caron, 'Primitive soft-bodied cephalopods from the Cambrian', *Nature* **465**, 469–472, 2010；S. Bengtson, 'A little Kraken wakes', *Nature* **465**, 427–428, 2010。

51 相關例子請參閱 Ma *et al.*, 'Complex brain and optic lobes in an early Cambrian arthropod', *Nature* **490**, 258–261, 2012。這當然也不無爭議——有些研究學者認為重建的撫仙湖蟲神經系統未必是真的，很可能只是內部器官腐爛後留下來的細菌菌落暈圈。詳見 Liu *et al.*, 'Microbial decay analysis challenges interpretation of putative organ systems in Cambrian fuxianhuiids', *Proceedings of the Royal Society of London B*, **285**: 20180051. http://dx.doi.org/10.1098/rspb.2018.005。

這場演化的劇變會演變成寒武紀的「大爆發」，並非毫無道理。然而，與其說是突如其來的大爆炸，還不如說是一連串緩慢進展的轟隆悶雷，從羅迪尼亞大陸的崩解開始，到美麗又奇妙的埃迪卡拉紀動物群的演化與滅絕，一直持續到四億八千萬年前才結束[52]。

我們從化石紀錄中得知，在寒武紀末期，至今仍存活於世上的主要動物群就經出現了[53]。不只是節肢動物與各類蠕蟲，還有棘皮動物（皮膚上有刺的動物，如海膽）與脊椎動物（也就是有脊椎的動物，包括人類本身）。其中最早出現的一種，就是在伯吉斯頁岩中發現的巨型斯普里格蟲（*Metaspriggina*），他們的外表沒有含鈣的盔甲，不過內在卻有柔軟的脊椎骨，骨骼上依附著有力的肌肉，這樣的結構更有利於游泳——而且游得很快，可以避免在夜晚的沼澤中遭到大型節肢動物追殺，如奇蝦。

巨型斯普里格蟲是率先進入化石紀錄的最早期魚類，他的故事會在下一章詳述。

52 有關埃迪卡拉紀與寒武紀之間的轉折，也有一些相當微妙有趣的觀點，請參閱 Wood *et al.*, 'Integrated records of environmental change and evolution challenge the Cambrian Explosion,' *Nature Ecology & Evolution* **3**, 528–538, 2019。

53 不過我們應該說，有許多現今所知的動物只留下極稀有的化石紀錄，甚至付諸闕如，其中有許多是軟體的寄生蟲。像線蟲類或迴蟲的化石紀錄幾乎是一片空白（但是也並非完全沒有）；至於條蟲則是從來沒見過。

# 時間軸（三）複雜生命

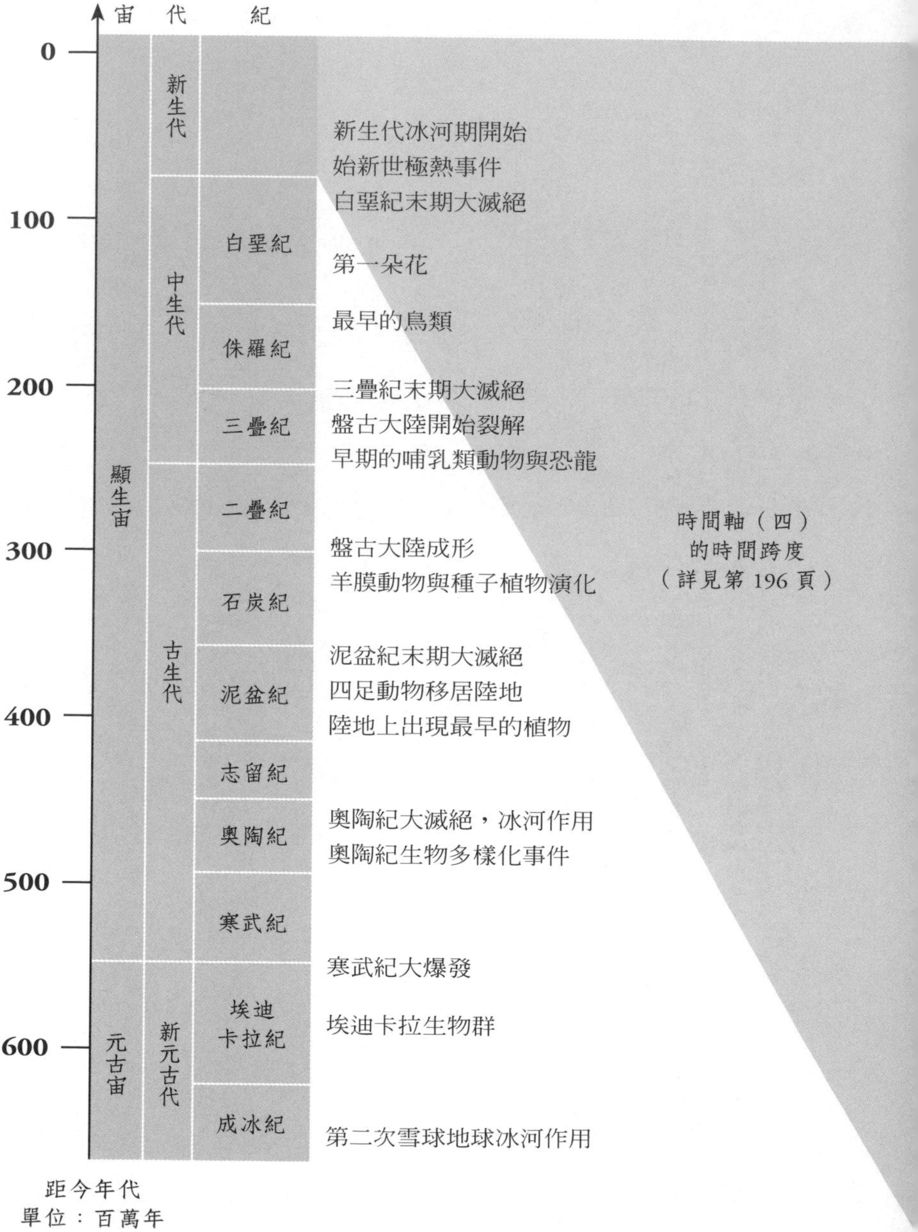
宙 代 紀
0
100
200
300
400
500
600
顯生宙
元古宙
新生代
中生代
古生代
新元古代
白堊紀
侏羅紀
三疊紀
二疊紀
石炭紀
泥盆紀
志留紀
奧陶紀
寒武紀
埃迪卡拉紀
成冰紀
新生代冰河期開始
始新世極熱事件
白堊紀末期大滅絕
第一朵花
最早的鳥類
三疊紀末期大滅絕
盤古大陸開始裂解
早期的哺乳類動物與恐龍
盤古大陸成形
羊膜動物與種子植物演化
泥盆紀末期大滅絕
四足動物移居陸地
陸地上出現最早的植物
奧陶紀大滅絕，冰河作用
奧陶紀生物多樣化事件
寒武紀大爆發
埃迪卡拉生物群
第二次雪球地球冰河作用
時間軸（四）
的時間跨度
（詳見第 196 頁）
距今年代
單位：百萬年

# 03

# 脊椎動物的誕生

在寒武紀早期，溫暖的淺海裡充斥著節肢動物以及他們的螯鉗發出來喀喇喀喇的聲響，此時，在他們腳下由礦物顆粒組成的泥沙裡也沒有閒著。有一種比針頭還要小的小生物，名叫皺囊蟲（*Saccorhytus*），正靠著礦物顆粒過濾水裡的碎屑，過著卑微的日子[54]。濾食不是什麼新鮮事——海綿已經靠此維生過了三億年——還有許多其他生物，如蛤蜊，還不斷改良濾食方法。淘洗沉積物尋找少量可以吃的食物，是一種廉價又有效的生活方式，尤其對代謝需求不高的小動物來說，而皺囊蟲正是這種動物。

皺囊蟲的外型像馬鈴薯，只不過小多了。他的一端有個圓形大口，隨時準備迎接水流，並且像海綿一樣，揮舞著一排又一排的纖毛吸入水流。在身體兩側各有一排毛孔，像是船身兩側的舷窗，過濾後的水就從這些毛孔排出體外。而在體內，則有黏液組成一張黏稠的網，捕捉水流中的碎屑顆粒。皺囊蟲的體內絕大部分空間都被這種嘴和舷窗的結構佔據了，也就是我們知道的咽喉部；至於黏液網則捲成一條繩索，由內臟所吞噬，而這些跟這個動物的所有內部器官，全都擠在身體後方相對較小的空間。他的肛門也在體內，排泄出來的糞便則從舷窗掃出體外；另外精卵細胞也是從父母的舷窗排出來，各自到外面的世界碰運氣。

然而，皺囊蟲在其他方面是相當柔弱無助的，跟他們所處的礦物顆粒一樣，經常成為環境變化無常的犧牲品。當然，有無數的動物，即使沒有體型較大的掠食者注意到他們，也無疑會在海綿或蛤蜊這些濾食性動物的無差別濾食下，成為別人的盤中飧。有些皺囊蟲的後代就靠著演化變得更大、更靈活、更兇猛，或是讓外殼盔甲變得更厚重——甚至是結合了上述四種方式——殺出一條生路。

體型變大，就意味著不太容易被別人一口吞噬，不過也有被鎖定啄食的風險，遭到分解蠶食。為了免於這樣的命運，有些動物就演化出一身盔甲。許多其他的動物已經從富含礦物質的海水中吸收碳酸鈣來強化自己的外殼——碳酸鈣就是方解石、白堊土、石灰岩和大理石的主要成分。寒武紀的海洋裡有豐富的碳酸鈣，經過生物的造形，就成了珍珠母：也就是蛤蜊和甲殼動物的外殼、海綿的微小骨針，以及珊瑚礁各種姿態美妙的骨架。

有些皺囊蟲的後代子孫穿上了盔甲，也創造了獨特的鐵甲鎖鎧，而且每一個鎖鎧鏈環都是用方解石結晶體雕刻出來的。這樣做的結果，就是讓他們變成了棘皮動物——皮膚上有刺

---

54 詳見 Han *et al.*, 'Meiofaunal deuterostomes from the basal Cambrian of Shaanxi (China)', *Nature* **542**, 228–231, 2017。雖然皺囊蟲是真實存在的動物，但是此處對於其內部解剖結構的描述卻是猜測出來的，有關脊椎動物早期的歷史，仍有很多爭議。其中最具爭議性的一點，就是奇特的古蟲類動物（vetulicolians）——我們稍後還會見到他們——到底有沒有脊索。有關脊椎動物的故事，包括其中應該注意之處，請參閱拙作《*Across The Bridge: Understanding the Origin of the Vertebrates*》（Chicago: University of Chicago Press, 2018）。

的動物——成了今天海星與海膽的祖先。現今的棘皮動物都根據數字「五」形成獨特的身體形狀，與所有其他動物大異其趣。然而，在寒武紀時，他們的形狀變化更多，儘管有些是兩側對稱，也有一些呈現三角輻射（也就是根據數字「三」所形成的對稱），更有一些是完全不規則狀。所有這些動物都是從皺囊蟲的嘴與舷窗所形成的咽喉部發展出來的，只不過後來經過時間推移，有其他的進食方式取代了濾食，現代的棘皮動物已經不再用這種方式進食了。

為了避免遭到吞食，棘皮動物採用盔甲抵禦的策略。然而，還有另外一種方法，就是走為上策——游泳離開攻擊的一方，愈快愈好；皺囊蟲的另外一支後代子孫，就是採用這種方法。有些物種從咽喉部的後端演化出一條可以甩來甩去的尾巴，讓他們游得更快，遠離任何潛在的威脅。

一開始是從腸道的分支部位演化出一條堅韌卻可以彎曲的長桿，這個結構稱之為脊索，你可以把它想成像是香腸一樣的長條形氣球，也就是街頭藝人用來折成各種驚人造型的那種氣球。脊索非常靈活，在不受壓力的情況下，可以彈回原本狹長的形狀，這樣的特性非常適合可以伸縮的肌肉在其兩側生長固定，也讓身體可以利用肌肉的伸展與收縮，彎曲成一連串的S形動作，便於在水中穿梭。另外沿著脊索的上層表面，每隔一段固定的距離會長出神經，用來控制協調肌肉——也就是脊髓。

在寒武紀，有一種被稱為古蟲類（vetulicolians）的動物，有很多都長得像這個樣子[55]。古蟲的長度就只有幾公分，有一個跟皺囊蟲一樣的咽喉部，其後附著了一條分節的尾巴。雖然有些古蟲會游過開放水域[56]，不過他們大部分的時間都埋在沙裡，只露出嘴巴，默默地吸入海水，過濾沉積物質。然而，一旦受到威脅，他們會甩動尾巴，迅速離開危險地帶，游到新的地方，用尾巴在沙裡挖掘一個新的避難所，安頓下來。雲南蟲（*yunnanozoans*）是古蟲的表親，他們的尾巴開始跟咽喉部連在一起，而且尾巴除了向後生長之外，也會向前延伸，一直到咽喉部的上方，最後完全包覆咽喉部，看起來就比較接近魚的形狀[57]。伯吉斯頁岩中發現的一種

---

55 詳見 Shu *et al.*, 'Primitive deuterostomes from the Chengjiang Lagerstätte (Lower Cambrian, China)', *Nature* **414**, 419–424, 2001，對此我也寫了一篇回應的評論：H. Gee, 'On being vetulicolian', *Nature* **414**, 407–409, 2001。

56 我曾經在上海自然博物館中看過 3D 動畫模型，完美模擬出中國南部在寒武紀時期澄江生物群的模樣。除了其他美妙的神奇畫面，也播放了一群古蟲掠過開放水域的樣子。

57 Chen *et al.*（'A possible early Cambrian chordate', *Nature* **377**, 720–722, 1995；'An early Cambrian craniate-like chordate', *Nature* **402**, 518–522, 1999）偏愛這樣的解釋，不過也有其他的可能，就像奇怪而古老的化石一樣，會有不同的解釋。相關例子請參閱 Shu *et al.*, 'Reinterpretation of *Yunnanozoon* as the earliest known hemichordate', *Nature* **380**, 428–430, 1996。

奇怪生物——皮卡蟲（*Pikaia*）[58]——就是屬於這一類；另外一個也屬於這一類的動物，則是澄江生物群中的華夏鰻（*Cathaymyrus*）[59]。

乍看之下，華夏鰻看似鯷魚排。雖然他的脊索和肌肉塊都清晰可見——前半部包覆咽喉部——但是卻少了很多東西。他只有頭部一個小黑點充當眼睛，但是卻缺了頭、缺了鱗、缺了耳朵、缺了鼻子、缺了腦——幾乎什麼都缺。《綠野仙蹤》裡的魔法師奧茲應該會認為他是一個很好的客戶，因為他什麼都缺，只不過他顯然拒絕了邀約，沒有跟桃樂絲和她的朋友一起踏上黃磚路。話雖如此，華夏鰻及其親屬仍然成功存活了五億年——儘管有點卑微——用尾巴挖洞，埋在世界上不被人注意到的間隙之間，幾乎所有的時間都花在過濾海水中的碎屑，以這種歷史悠久的方式終其一生；只有在受到威脅時，才會勇敢地向前衝，直到尋獲更安全的避難所。有些華夏鰻的親戚也一直存活至今，就是我們知道的文昌魚（amphioxus）。

華夏鰻結合了咽喉部和尾巴，變成一種流線型的動物。但是他們的一些表親卻採納另外一種完全不同的生活方式。這些生物——被囊動物——非但沒有結合咽喉部與尾巴，反而將二者拆解開來，各自在生命的不同階段發揮最大的功能[60]。被囊動物的幼體基本上就是一條尾巴，裡面有簡單的腦、眼點和感知重力的器官。這些感官很粗略，並未發展完全，不過也夠用了，主要是分辨明暗，偵測哪一邊「朝下」。這些幼體只有未發展完全的咽喉部，無法進食。這樣的結構完全符合其目的，也就是找到一個又深、又暗的地方，讓他在長大之後可以住下來。一旦找到合適的地點，他就先一頭鑽進去，然後尾巴就被身軀吸收，整個生物膨脹起來，基本上就是變成一個巨大的咽喉部，全力進食。固定在一個地點，讓他成為容易下手的獵物，因此被囊動物就演化出一套像是外衣的盔甲（被囊之名也是由此而來[61]），外衣的材質是只有在植物身上才會看到的纖維素，是完全無法消化的。被囊動物的外衣可能會含有其他從海水

58 詳見 S. Conway Morris and J.-B. Caron, '*Pikaia gracilens* Walcott, a stem-group chordate from the Middle Cambrian of British Columbia', *Biological Reviews*, **87**, 480–512, 2012。

59 詳見 Shu *et al.*, 'A *Pikaia*-like chordate from the Lower Cambrian of China', *Nature* **384**, 157–158, 1996。

60 脊椎動物的軀體形態其實是結合了兩個非常不一樣的區域——餵食用的咽喉部與擺動的尾巴——是一種不自然的聯盟。Alfred Sherwood Romer 在一篇艱澀卻極有見解的論文中有詳細的描述，請參閱 'The vertebrate as a dual animal – somatic and visceral', *Evolutionary Biology* **6**, 121–156, 1972。

61 譯註：被囊動物的英文為 tunicates，就是從外衣（tunic）一詞而來的。

中萃取的外來物質，比方說鎳或釩，有時候也加入礦物質讓外衣變得更堅硬。例如，外形看起來完全像是石頭的腕海鞘（*Pyura*），就是一種被囊動物，除非撬開來，否則根本無法分辨。被囊動物就是這樣從寒武紀一直生存至今[62]。

鰕囊蟲首創的這種古老的嘴——舷窗咽喉構造，一直是被囊動物賴以維生的過濾系統[63]。不過，跟他們最接近的表親脊椎動物，卻選擇了一條完全不同的發展道路，他們將這種用來逃跑的方法——脊索和尾巴——轉化成專門用來向前移動的工具。華夏鰻及其親戚只有在緊急狀態才會短暫地使用由脊索支撐的尾巴，到了被囊動物，也只有在幼體階段才演化出有脊索的堅硬尾巴，而且絕大部分的功能也非常明確，就只是用來尋找適合定居的地點，一旦找到好地方，就留下來不動了。這些動物對於要往哪裡去，都只需要少量的資訊，對他們來說，尾巴的目的就只是為了一段很快就結束的旅程。

然而，沒有任何脊椎動物在其生命週期中會長時間都固定在同一個地方不動[64]。如果要一直走動，四處覓食，就需要更完備的感官系統，因此脊椎動物演化出成對的大眼睛、靈敏的嗅覺，以及偵測水流的精密系統[65]。比起系出鰕囊蟲一門的其他成員——如被囊動物、蛞蝓、古蟲、棘皮動物等等——脊椎動物對所處的環境及自己在其中的地位更加敏感。而精密的感官系統又需要一個複雜而集中的腦。以複雜性而言，脊椎動物的腦已經可以媲美甚至超越其他可以高度移動的動物，如甲殼類動物、昆蟲或是移動界的老前輩章魚，儘管他們的腦部構造與發展是走完全不同的路徑。

---

62 請參閱 Chen *et al.*, 'The first tunicate from the Early Cambrian of China,' *Proceedings of the National Academy of Sciences of the United States of America* **100**, 8314–8318, 2003。時至今日，被囊動物仍然是不被重視卻非常成功的動物群體。有些還會偏離文中所述的生命週期，比方說，有些物種的幼體在還會移動時就已經成熟。這些生物，如樽海鞘（salps）、尾海鞘（larvaceans）等，都是開放海域生態中很重要的一部分。尾海鞘的體型雖小，但是每一隻都會用黏液蓋一間奇特的「房子」；這些「房子」有非常複雜的結構，是海洋碳循環中很重要的部分。因為這些「房子」都蓋在偏遠的地點，本身又很脆弱，因此要看到他們是一項巨大的挑戰，直到最近才有人拍到他們的影像（詳見 Katija *et al.*, 'Revealing enigmatic mucus structures in the deep sea using DeepPIV', *Nature* **583**, 78–82, 2020）。不過，其他的被囊動物都還是占地為王，數以千百計的個體集結在一起，形成一個超級生物體，有的固定在同一個地點，有的則漂浮在水中。例如磷海鞘（pyrosomes，又名火體蟲），就會形成一個喇叭狀的巨大群體，漂在水中。雖然單一個體都很小，但是集結在一起的群體卻大到可以讓潛水人員在裡面游泳。有些被囊動物可以用類似發芽的無性生殖方式繁殖，其他的則有相當有趣又複雜的性生活。被囊動物的生命歷程就是一個漫長而百無禁忌的海洋伊甸園。

63 好吧，**幾乎**是所有的被囊動物啦。有些被囊動物後來變成肉食性動物，有些動物覺得這種生活方式比較誘人，也不管到底適不適合。大家都知道食肉植物。就在你覺得回家洗個澡應該很安全的時候，說不定也有食肉海綿呢。（J. Vacelet and N. Boury-Esnault, 'Carnivorous sponges', *Nature* **373**, 333–335, 1995）。

64 除了貓之外。

65 以魚（也就是水生脊椎動物）來說，就是體側線系統；以陸生的脊椎動物（也就是四足動物）來說，則退化成內耳的前庭系統，其運動讓我們可以得知上下方向以及自己所處的環境。

於是，從寒武紀陰暗的海底，如一抹閃爍的陽光穿透海水，誕生了像是巨型斯普里格蟲[66]、昆明魚（*Myllokunmingia*）、海口魚（*Haikouichthys*）[67]等最早期的魚類。這些生物遺留下來的碎片，正是寒武紀中期已經演化出脊椎動物並且開枝散葉的證據。這些最早期的魚類有嘴，但是沒有下頷；有咽喉部，卻不再用於濾食。因為脊椎動物的活動量比他們被囊動物類的表親要大，所以需要更好的氧氣供給，於是可以追溯到皺囊蟲老祖宗的古老舷窗咽喉就轉化成鰓裂，從嘴裡吸入的水可以經由肌肉的動作從鰓噴射出去。羽毛狀的鰓富含血管，可以從水中吸取氧氣，再將二氧化碳排出去。然後，脊椎動物再將咽喉部改裝成高速噴射機，利用一排排用於通風的肌肉——也就是呼吸——取代了原本一整片輕柔拂動的纖毛，並且更積極地捕捉獵物[68]。

脊椎動物比其他動物需要更多的能量，有一部分原因是他們的體型通常都比較大。鯨與恐龍——都是脊椎動物——在曾經存活過的動物之中，都是體型最大的，但是還不只他們；其他還有像是鯨鯊、姥鯊之類的魚類，像巨蟒、紅尾蟒、科摩多巨蜥等爬蟲類，或是像大象、犀牛之類的哺乳類，體型都不小。有少數無脊椎動物的體型也可以相提並論。就以我們人類來說，在動物之中，也算是大型動物了[69]。的確，有些脊椎動物也非常小，體重不過幾公克而已，但是**所有的**脊椎動物都是人類肉眼可以看得見的；反之，有許多無脊椎動物，則是非得用放大鏡或顯微鏡才看得到[70]。

---

66 詳見 S. Conway Morris & J.-B. Caron, 'A primitive fish from the Cambrian of North America', *Nature* **512**, 419–422, 2014。

67 詳見 Shu *et al.*, 'Lower Cambrian vertebrates from south China', *Nature* **402**, 42–46, 1999。

68 從濾食性的咽喉轉變成一組鰓，變化看似很劇烈——確實也是——不過整個過程卻是由存活到今日的一種脊椎動物完成的，也就是七鰓鰻的幼體，稱之為沙隱蟲。沙隱蟲跟文昌魚一樣，終其一生都埋在沉積物裡，而且是從尾巴先進去。最後，他的形體發生變化，濾食性的咽喉轉化成掠食性動物成體的咽喉。七鰓鰻及其表親盲鰻（就目前所知的資料，他們沒有濾食性的幼體階段）都類似最早期的魚類，完全是軟體動物，由一條有彈性的脊索支撐，而且沒有下頜。他們的嘴裡長滿了像是角一樣的牙齒。七鰓鰻和盲鰻是惡名昭彰的掠食者，顯示沒有下頜並不會妨礙他們捕殺獵物。

69 以驅動機制來說，脊椎動物的體型為何會這麼大，至今仍然是個謎。有兩種互不排斥的可能原因：其一，脊椎動物的祖先在某個時候，基因組（全部的遺傳物質）經過一再的複製，雖然許多重複的基因後來遺失了，但脊椎動物的基因數量是無脊椎動物的兩倍多；其二，脊椎動物在胚胎時期有一種稱為「神經嵴」（neural crest）的組織，是由一群細胞組成的，這些細胞從發育中的中樞神經系統遷移並散佈到身體各處，將身體裡原本平凡的部分轉變為新的東西——就像仙女灑下了神奇的魔法粉末一樣。若是少了神經嵴，脊椎動物就不會有皮膚、臉部、眼睛或耳朵，而且神經嵴還創造了一長串其他零零星星的東西，從腎上腺到一部分的心臟，不一而足。可能正是神經嵴增加了脊椎動物的複雜性，也導致他們的體型變大（詳見 Green *et al.*, 'Evolution of vertebrates as viewed from the crest', *Nature* **520**, 474–482, 2015）。值得注意的是，文昌魚並沒有神經嵴，不過在被囊類動物，卻可以發現神經嵴的跡象。（詳見 Horie *et al.*, 'Shared evolutionary origin of vertebrate neural crest and cranial placodes', *Nature* **560**, 228–232, 2018；Abitua *et al.*, 'Identification of a rudimentary neural crest in a non-vertebrate chordate', *Nature* **492**, 104–107, 2012）。

70 在目前已知的無脊椎動物中，體型最大的就屬南極大王魷（*Mesonychoteuthis hamiltoni*），據信他們的體重可以高達七百五十公斤，相當於一頭大熊。以體長來說，已知最小的脊椎動物則可能是阿馬烏童蛙（*Paedophryne amauensis*），一種生

昆蟲是數目最多的無脊椎動物，他們靠著由甲殼質所形成的外骨骼來支撐身體。甲殼質是一種有彈性的蛋白質，當昆蟲需要生長時，就必須拋棄整個外骨骼，然後膨脹身體，等候甲殼質形成新的外骨骼，這時候的外骨骼還相當柔軟，必須等到外骨骼變得堅硬之後，才能開始移動。這也是昆蟲體型較小的一個原因，因為昆蟲若是長到大於某個尺寸，一旦沒有外骨骼的支撐，光是本身的重量就足以將他們壓扁。昆蟲的表親甲殼類動物也會蛻殼，但是他們主要都生活在水裡，可以靠水的浮力來支撐自身的重量。也就是說，甲殼類動物的體型可以長得比昆蟲稍微大一點，比方說，螃蟹或是龍蝦，都比任何一種昆蟲要大。但是即使是最大的龍蝦，跟許多脊椎動物相比，仍然是小巫見大巫。

在現今仍然存活的脊椎動物之中，最原始的物種就是七鰓鰻和盲鰻，他們沒有體外的盔甲，而且可能從一開始演化出來就一直是現在這個樣子。他們跟巨型斯普里格蟲和極早期的魚類一樣，沒有下頷，也沒有成對的鰭。不過，其他脊椎動物的身上都包覆著一層厚厚的盔甲。盔甲魚要到寒武紀稍晚的時期才出現。雖然早期的魚類還是沒有下頷，體內也都有脊索支撐，但是大部分的身上都已經穿盔披甲[71]，通常是在頭部與咽喉部有一套堅硬的板子，尾部則是比較鬆散的鱗片，方便尾巴活動。這種盔甲不是鈣或碳酸鈣形成的，而是另外一種稱為氫氧基磷灰石的礦物質，也就是某種形式的磷酸鈣。在動物界，有磷酸鈣盔甲的脊椎動物是相當獨特的[72]。

最早期魚類的盔甲通常是由氫氧基磷灰石堆疊出來的夾心蛋糕，厚厚的蛋糕有各種不同的變體，是以三種不同形式堆疊出來的。最底層是海綿層；中間則有各種不同的密度；最上層則是薄薄的一層氫氧基磷灰石，但是非常堅硬，也非常結實。這三種形式就是今天所謂的「骨骼」、「象牙質」和「琺瑯質」——也就是任何生物能夠製造出來的最堅硬物質。今天，骨骼、象牙質、琺瑯質就是我們牙齒的不同層次。因此當脊椎動物首次演化出堅硬組織時，可以說全身上下都布滿了牙齒。即便時至今日，鯊魚身上的每一個鱗片也都像是一顆小小的牙齒，因此鯊魚皮才會如此粗糙，甚至一度用來當做砂紙。

長於新幾內亞的蛙類，體長只有七．七公釐，體重不詳。以體重來說，最小的哺乳類動物是小臭鼩（*Suncus etruscans*），一種長了白色牙齒的小型鼩鼱，體重不到二．六公克；另外就是體重不到兩公克的凹臉蝠（*Craseonycteris thonglongyai*），又名大黃蜂蝙蝠，必須有三十七萬五千隻凹臉蝠才相當於一隻南極大王魷的重量。

71 有關早期脊椎動物化石紀錄的入門介紹，請參閱 P. Janvier, 'Facts and fancies about early fossil chordates and vertebrates,' *Nature* **520**, 483–489, 2015。

72 好吧，幾乎算是啦。有一種類似蚌類的腕足動物也有磷酸鈣形成的殼。即便時至今日，脊椎動物仍有一些組織是因為有磷酸鈣才變得堅硬，就是魚類耳朵甚至人類內耳中所發現的「耳石」，對平衡感有輔助作用。

脊椎動物演化出盔甲的理由，跟其他寒武紀生物包覆堅硬組織一樣，都是一種防禦手段[73]。盔甲魚的演化正好跟掠食性動物出現的時間差不多，像是鸚鵡螺以及廣翅鱟目動物——一種遠洋的巨型蠍子[74]。其中，最可怕的一種廣翅鱟目動物，可能就是生長在泥盆紀的耶克爾鱟（*Jaekelopterus*），他們像夢魘一樣，瞪著巨大的雙眼，揮舞著巨型的螯，身長可達二・五公尺，可能靠捕食魚類維生[75]。

最早開始穿盔披甲的魚群就是鰭甲魚（pteraspids）。雖然鰭甲魚的頭盔有時候會向兩側延伸出去，像是水上飛機的雙翼，但是他們並沒有柔軟成對的魚鰭。鰭甲魚的外表有堅硬的盔甲，可是卻不知道內部長什麼樣子，因為他們的腦殼是軟骨形成的，很容易腐爛，而且支撐身體內部的脊索也是像海綿一樣富有彈性的軟骨。然而，有些盔甲魚頭部裡的軟骨後來礦石化，也就是說，他們大腦的形狀與相關的血管、神經都可以比較完整的保存下來。化石紀錄顯示，無頜的盔甲魚和七鰓鰻都系出同源——有盔甲的七鰓鰻。

從寒武紀末期到泥盆紀結束的這段期間，海洋裡大量出現這些無頜盔甲魚，而且還有各式各樣的奇形怪狀。有些包覆著平板盔甲，一輩子都在海底巡弋，或挖掘泥土找尋碎屑；其他的，例如外型比較漂亮的花鱗魚（thelodonts）[76]，他們的盔甲則是鯊魚皮做的鎖甲，比較靈活，可以在開放海域更快速地移動。

最早期的魚類，如巨型斯普里格蟲，有一對長得非常靠近的眼睛，就在頭部的正前方，像是機車的頭燈。他們的頭部沒有多餘的空間容納鼻子或鼻孔，嗅覺就交給咽喉部的細胞負責，這是古老的濾食性脊椎動物所留下來的遺緒。但是到了鰭甲魚，眼睛就分別置於頭部兩側，留出空間給鼻孔，而且只有一個，就在頭部的上方。腦部也區分為左右兩半，讓臉部變

---

73 脊椎動物為什麼選擇磷酸鈣而不是碳酸鈣呢？原因不明。然而，磷是一種重要的營養素，有時候在海裡很稀少，不像碳到處都有。可能除了做為防禦的手段之外，脊椎動物使用磷酸鈣也是為了儲存磷。磷是基因物質 DNA 裡的重要成分，大型動物——如脊椎動物——的新陳代謝比較快，相較於其他體型較小、代謝較慢的動物，更需要吸收磷，或許這也是脊椎動物使用磷酸鈣的原因——不但為了防禦，也為了儲存。

74 詳見 A. S. Romer, 'Eurypterid influence on vertebrate history', *Science* **78**, 114–117, 1933。

75 詳見 Braddy *et al.*, 'Giant claw reveals the largest ever arthropod', *Biology Letters* **4**, doi/10.1098/rsbl.2007.0491, 2007。想到耶克爾鱟可能有親戚在某個時候爬上了岸，在那個截然不同的時代，於夜晚的森林裡潛行覓食，就令人不寒而慄：請參閱 M. Whyte, 'A gigantic fossil arthropod trackway', *Nature* **438**, 576, 2005。

76 詳見 See M. V. H. Wilson and M. W. Caldwell, 'New Silurian and Devonian fork-tailed "thelodonts" are jawless vertebrates with stomachs and deep bodies', *Nature* **361**, 442–444, 1993。

得更寬[77]。

鰭甲魚類（如七鰓鰻）只有一個鼻孔，因此也只有一個感覺器官——鼻囊——連接大腦底部。然而，其他的無頷魚類卻朝著一個新的方向演化。有一種稱為曙魚（*Shuyu*）[78]的無頷魚腦部化石顯示，他們有兩個鼻囊可以通往口腔，而非只有一個互不通連的鼻孔長在頭部上方。這樣的安排讓臉部變得更寬，完全是有頷脊椎動物的特徵，而不是七鰓鰻或鰭甲魚。其他演化的無頷魚則長出一對胸鰭（就是在頭部後方的那對鰭），也是七鰓鰻或鰭甲魚付諸闕如，卻是有頷脊椎動物的典型特徵。因此在這個階段，就是準備要演化出下頷了。

當盔甲魚慢慢演化，超越了這條界線，他們就變成了另外一種完全不同的動物[79]。今天，超過百分之九十九的脊椎動物都是有頷物種，至於存活至今的無頷脊椎動物，則只剩下七鰓鰻和盲鰻兩種而已。

頷的演化是因為鰓弓——也就是將嘴部與第一道鰓裂分開來的軟骨——開始向後剪成兩半，並且在中間連接起來，形成上下頷，結果導致第一道鰓裂遭到擠壓成上頷後方的一個小孔，也就是呼吸孔。

第一個擁有上下頜的脊椎動物是盾皮魚（placoderms），乍看之下，他們跟其他盔甲魚沒什麼兩樣，都在頭部覆蓋了厚重的骨甲；但是再仔細觀察，就可以發現，除了上下頜之外，還有一些只在有頜脊椎動物身上才看得到的精細特徵，例如，在胸鰭之外，他們還有第二對鰭，也就是腹鰭，位置大約在肛門的兩側[80]。盾皮魚源起於志留紀晚期，一直存活到泥盆紀末期。

比較原始的盾皮魚，如：胴甲魚（antiarchs），就跟任何一種鰭甲魚一樣，都包覆著厚重的盔甲；反之，構造較複雜的盾皮魚，如：節頸魚（arthrodires），則通常（但並非一定如此）穿戴比較輕便的盔甲，鄧氏魚（*Dunkleosteus*）就是其中之一，他們身長可達六公尺，有像剃刀般鋒利的大頜，在泥盆紀的海洋中成為最高階的掠食者。

---

77 有一種罕見的先天缺陷叫做獨眼畸形，就是臉部只有中間長了一隻眼，沒有鼻子，大腦也沒有區分左右。有這種缺陷的胚胎幾乎都是死產，就算不是，也只能存活幾個小時而已。這種悲慘的情況肇因於大腦未能分裂成兩半讓臉部變寬，可能是早期臉部演化所留下來的記憶。

78 Gai *et al.*, 'Fossil jawless fish from China foreshadows early jawed vertebrate anatomy', *Nature* **476**, 324–327, 2011。

79 關於有頜脊椎動物早期演化的簡易導讀，請參閱 M. D. Brazeau and M. Friedman, 'The origin and early phylogenetic history of jawed vertebrates', *Nature* **520**, 490–497, 2015。

80 因此，有頜脊椎動物有兩對成雙的鰭，總共有四個鰭，相當於我們手腳的始祖。至於我們為什麼有兩對，而不是三、四對，甚至完全沒有，至今仍不得而知。成雙的鰭是多出來的，主要還是不成對的中線鰭，例如在許多魚類身上可以看到的背鰭、臀鰭、尾鰭。

請注意，我這裡說鄧氏魚有鋒利的頜，而不是牙齒，因為盾皮魚並沒有我們今天所認知的牙齒[81]。這種生物的頜上那些會割傷人且令人望而生畏的表面，其實是骨頭本身磨尖的邊緣。

盾皮魚中最發達的一種是全頜魚（*Entelognathus*），雖然生長在四億一千九百萬年前的志留紀晚期，卻是目前所知最早的一種[82]。全頜魚有節頸魚的特徵，也就是頭部和身軀都有厚重的盔甲，但是身長卻只有二十公分，跟他們有如怪獸般的表親鄧氏魚比起來要小了很多。

另外一個跟鄧氏魚迥然不同的地方——其實也跟其他的盾皮魚不同——就是他們的上下頜周圍都有骨頭，與現代的硬骨魚可以相提並論：他們有明顯的上頜（上頜骨）和下頜（下頜骨）。在我們眼中看來，全頜魚這種生物是第一個會咧嘴微笑的脊椎動物。

儘管盾皮魚未能存活到泥盆紀結束，但是有另外三群有頜脊椎動物從盾皮魚始祖演化出來，分別是軟骨魚（鯊魚、魟魚及其近親），硬骨魚（包括了絕大部分的現代魚種，從鱘魚、肺魚到沙丁魚、海馬等；還有所有的陸生脊椎動物，包含我們人類在內），還有另外一群已經完全滅絕的物種，稱為棘魚（acanthodians）或棘鯊。

棘魚一直存活到二疊紀才滅絕。在大部分的軟骨魚和硬骨魚身上，他們的脊索——也就是堅固又柔軟的支柱，用來支撐身體——都在發展過程中被一種環節結構所取代，也就是脊椎骨。以軟骨魚來說，他們的脊椎骨當然也是軟骨形成的，但是有時候也有某種程度的礦石化；至於硬骨魚的軟骨則通常被硬骨取而代之。我們不知道盾皮魚或棘魚是否已經由脊椎骨取代了脊索，但是就算他們有脊椎骨，也應該是軟骨才對[83]。

棘魚身上披掛著鱗片而非盔甲，最大的特徵是每一個鰭的前端都有明顯的刺，然而內部

81 盾皮魚雖然沒有牙齒，但是在床第之間可不是弱者。現在有充分的化石證據可以證明，盾皮魚會體內受精，甚至可能是活胎生，就像今天有些鯊魚一樣。相關例證請參閱 J. A. Long *et al.*, 'Copulation in antiarch placoderms and the origin of gnathostome internal ferilization,' *Nature* **517**, 196–199, 2015。

82 這並不是說演化向後退，只是說盾皮魚的歷史還有很多有待考證發現，可能還殘存在志留紀早期的石頭裡，尚未挖掘出來。同樣是在中國南部的志留紀沉積中發現的早期硬骨魚也是同樣的情況。有關全頜魚的細節，請參閱 M. Zhu *et al.*, 'A Silurian placoderm with osteichthyan-like marginal jaw bones,' *Nature* **502**, 188–193, 2013；M. Friedman and M. D. Brazeau, 'A jaw-dropping fossil fish,' *Nature* **502**, 175–177, 2013。

83 好吧，幾乎全部都是啦。即使像腔棘魚（coelacanth）這麼進化的硬骨魚，終其一生都還是保有脊索，就像七鰓鰻或盲鰻一樣。

解剖結構卻完全是軟骨，非常類似鯊魚[84]。棘魚是軟骨魚類的早期分支；至於軟骨魚類此一群體，則一直存活至今，依然繁衍生息。

在志留紀的海洋裡，跟全頜魚一起生活的，還有一種叫做鬼魚（*Guiyu*）的生物，他們是目前已知最早的硬骨魚類，整個群體包括了今天絕大部分的脊椎動物[85]。在鬼魚之前也有硬骨魚出現，但是他們的化石保存得不夠完整，也都還有爭議。然而，鬼魚的特殊之處不只是因為有完整保存的化石，或是因為他是硬骨魚，而是因為他屬於一種稱之為肉鰭魚的硬骨魚類，是這個群體中最早期的成員，也是硬骨魚類中很特別的一個分支，後來演化成陸生脊椎動物——包括我們人類。

84 棘魚的軟骨腦殼極少保存下來，但是泥盆紀的棘魚 *Ptomacanthus* 與二疊紀的棘魚 *Acanthodes* 都留下了足夠的證據，證明他們與鯊魚之間的關係。詳見 M. D. Brazeau, 'The braincase and jaws of a Devonian "acanthodian" and modern gnathostome origins', *Nature* **457**, 305–308, 2009；S. P. Davis *et al.*, '*Acanthodes* and shark-like conditions in the last common ancestor of modern gnathostomes', *Nature* **486**, 247–250, 2012。

85 詳見 Zhu *et al.*, 'The oldest articulated osteichthyan reveals mosaic gnathostome characters', *Nature* **458**, 469–474, 2009。

# 04

# 登岸上陸

從寒武紀早期的生命大爆發，到泥盆紀時代魚群充沛的海洋，這個時候的海洋裡已經擠滿了各種生物。但是膽敢冒險犯難，浮上水面，甚至登上陸地的生物，卻少之又少。這其實也不無道理。

首先，地球有很長一段時間都是沒有什麼陸地的。一開始的時候，陸地慢慢增生；後來構造板塊碰撞，產生了弧形的火山島；接著，來自地球深處的岩漿衝破地殼，形成雷爆雲頂，又製造出更多的岩漿；這些岩漿再形成島嶼，跟其他的島嶼連結在一起，再經過島嶼下方蠢動不安的星球擠壓，逐漸形成第一個大陸。

其次，在陸地上生活艱困。水是孕育生命的搖籃。少了水的浮力，生物會感受到本身重量的每一公克，拖著他們向下沉。在炙熱的艷陽下，他們的組織可能很快就乾枯；少了始終存在的水膜，鰓無法正常運作，動物就無法呼吸。任何冒險登陸的生物都可能會被壓扁、脫水、窒息。冒險上岸的拓荒者會發現自己所處的環境跟空無一物的外太空一樣惡劣。

說起來可能很無情，但是當時的地球表面除了荒蕪的火山岩石之外，真的什麼都沒有。沒有樹木可以遮蔭，因為樹木尚未演化出來；除了被風吹過的灰塵之外，也沒有土壤，因為必須經過生物的作用——樹根、真菌或挖土的蠕蟲等——才能製造出肥沃的土壤，讓植物得以生長。在水平線上的陸地就是一片乾枯而沒有生命的沙漠，正如現在依然浮現在地平線上的月球表面一樣。

然而，誠如我們所見，生命總是會應對挑戰。一個全新的環境，少了喧囂海洋中的競爭，為那些能夠找到方式克服困難的生物，提供了未開發的多樣性與成長機會。第一步是藻類在內陸池塘和溪流中定居，這至少是十二億年前的事了[86]。即便在那個時候，或許也有一些細菌、藻類和真菌藏身在荒蕪海岸的隱匿角落裡，一旦在潮汐間受困於陸上，說不定有些埃迪卡拉紀的葉狀動物也能在水線以上存活一段時間[87]。在寒武紀，一種未知的生物滑進了勞倫大陸（Laurentia）[88]的淺海沙灘上，留下看起來很像機車輪胎的痕跡[89]。但是這些都只是英勇的反抗行為，就像機車特技演員上岸表演了幾次，又回到海洋裡尋求庇護。生命冒險上了岸，卻未能在岸上落地生根。

86 詳見 Strother *et al.*, 'Earth's earliest non-marine eukaryotes', *Nature* **473**, 505–509, 2011。
87 詳見 G. Retallack, 'Ediacaran life on land', *Nature* **493**, 89–92, 2013。
88 即現在北美洲的東部。
89 這個痕跡稱之為柵形跡（*Climactichnites*），或許是由一種類似巨大蛞蝓的動物所留下來的。請參閱 P. R. Getty and J. W. Hagadorn, 'Palaeobiology of the *Climactichnites* tracemaker', *Palaeontology* **52**, 753–778, 2009。

生物真正的登陸上岸始於奧陶紀中期，約莫是四億七千萬年前[90]——差不多在同一時期，海洋也突然出現了一波演化創新，許多寒武紀的奇特生物，被比較現代的卡司所取代[91]。小型的蔓生植物，如苔類和蘚類，在陸地上建立了數以百萬計的灘頭堡；他們的孢子堅韌耐旱，因此成了第一批上陸的常客。不久之後，第一批樹就開始朝著天空往上竄了。第一批是纖絲植物（nematophytes），其中一種名為原杉菌（*Prototaxites*）的植物，枝幹直徑可能超過一公尺，高度也有好幾公尺；與其說這是一棵樹甚或樹蕨，不如說是一株巨大的地衣——一種與藻類有關的真菌。

在他們底下的地球依然動個不停。一次火山爆發噴出來的岩石與二氧化碳產生良性反應，將空氣中的二氧化碳吸收殆盡，少了二氧化碳來加劇溫室效應之後，地球就開始冷卻。與此同時，在南方的巨型陸塊岡瓦納大陸（Gondwana）也漂移到南極上方，陸地上再次形成冰河。冰河從海洋裡吸收水分，導致海平面降低，縮小了大多數動物居住的大陸棚空間。這次的冰河時期持續了大約兩千萬年，從四億六千萬年前一直延續到四億四千萬年前。它不像埃迪卡拉紀的冰河一樣造成那麼大的災難，更不至於引發大氧化事件。然而，還是有許多種類的海洋動物因此慘遭滅絕。

生命還是一如既往，勇敢的面對並因應不斷變化的環境。冰河作用過後，出現了耐寒的蕨類植物，其孢子比蘚類植物更耐旱。蘚類在競爭中落敗，被趕到潮濕、陰涼的地方，至今仍然存活在那裡。於是，曾經是光禿禿的陸地上，現在披上了燦爛的綠色大衣。

到了志留紀末期，也就是大約四億一千萬年前，地球上就已經有纖絲植物、苔類和蕨類形成的林地，植物的根開始研磨腳下的岩石，形成土壤。隨著土壤演化出土壤真菌，其中有些——也就是菌根（mycorrhizae）——與植物連在一起，形成有益的聯結。這些真菌在土壤中散播開來，開採出對植物生長至關重要的礦物質，而植物則提供經由光合作用產生的食物作為回報。事實證明，根部有菌根延伸的植物比沒有菌根延伸的植物生長得更好。如今，幾乎所有植物的生長，都要歸功於潛伏在他們根部周圍土壤中的菌根[92]。

在風吹雨打之下，植物會脫落外皮、孢子和其他物質，形成森林垃圾。就在這些垃圾的

---

90 詳見 W. A. Shear, 'The early development of terrestrial ecosystems' (*Nature* **351**, 283–289, 1991)，文中對陸地生物的早期歷史有完善的概述。

91 此即奧陶紀生物多樣化大事件（或稱 GOBE）。有關生命史上這段富饒時代的入門導讀，請參閱 T. Servais and D. A. T. Harper, 'The Great Ordovician Biodiversification Event (GOBE): definition, concept and duration', *Lethaia* **51**, 151–164, 2018。

92 詳見 Simon *et al.*, 'Origin and diversification of endomycorrhizal fungi and coincidence with vascular land plants', *Nature* **363**, 67–69, 1993。

潮濕空間裡，開始有小動物爬行。

陸地上最早出現的動物是小型節肢動物——蜈蚣、像蜘蛛一樣的盲蛛、還有昆蟲的近親跳蟲。這時候還沒有昆蟲，不過他們很快就會演化出來，並且成為地球上最成功的陸生動物，不論以個體數量或物種數目來說，都是舉世無雙。

在整個泥盆紀，森林不斷生長蔓延。這些森林可能看起來跟現在的森林不太一樣[93]。舉例來說，早期森林裡的樹木，如枝蕨綱（cladoxylopsids）的植物，看起來更像是大型的蘆葦，向上生長出中空而沒有分岔的莖稈，高度可達十公尺，末端則是像刷子一樣的結構，看似趕蒼蠅的拂塵[94]。後來加入的植物類似石松與問荊——又名田野馬尾，一種木賊屬（*Equisetum*）的蕨類植物——至今仍生活在濕潮的地方。這些植物的現代版都很小，但是他們的祖先卻是高頭大馬。例如鱗木（*Lepidodendron*），一種石松綱的植物，可以長到五十公尺高；問荊的高度也有二十公尺。這些樹的莖稈大多是空心的，沒有心材，只靠厚厚的外皮支撐。有些像是古蕨類（*Archaeopteris*）的植物，看起來比較像是現代的樹木，莖稈也有心材，不過他們仍然像蕨類一樣會灑落孢子，而不是以種子繁殖。

乍看之下，這些豐富的植物應該會成為不容錯過的食物來源，但是實際上，有好幾百萬年的時間，動物都不是以植物維生。除了木質纖維太堅韌、無法消化之外，植物還會製造出像酚和樹脂之類的化學物質，讓動物難以忍受。植物原料只有在經過細菌和真菌分解成可消化的碎屑後才能食用，因此有很長一段時間，植物與其說是食物來源，還不如說是微型戲劇的背景，因為微型肉食動物在落葉下捕食微型食屑動物。植食性是一項尚未演化出來的技能。首先是昆蟲開始吃植物裡比較柔軟的部分，如毬果之類的生殖結構；然後，才是來自海洋的全新物種——四足動物。

＊

動物跟所有的生命一樣，全都是從海洋中演化出來的。他們的後裔大多依然存活在海洋裡，脊椎動物也不例外。從這個角度來說，四足動物——也就是從海洋登上陸地的脊椎動物

---

93 詳見 George R. McGhee, Jr 所寫的 *Carboniferous Giants and Mass Extinction: The Late Paleozoic Ice Age World* (New York: Columbia University Press, 2018)，書中對最早期森林裡的植物有非常優異的詳盡描述。

94 詳見 Stein *et al.*, 'Giant cladoxylopsid trees resolve the enigma of the Earth's earliest forest stumps at Gilboa', *Nature* **446**, 904–907, 2007。

——可以視為一群比較奇特的魚類，逐漸適應了水深為負值的生活。

他們的根源可以回溯到奧陶紀，也就是第一批有頜魚類出現的時候，是當時生物多樣化激增的一部分[95]。到了志留紀，許多有頜魚類出現，例如我們在第三章見過的鬼魚。這些早期魚類結合了現在看到的兩個迥然不同群體的特徵：第一是條鰭硬骨魚，這個群體幾乎涵括了現存的所有魚類，從石斑魚到絲足魚，從鱒魚到多寶魚；在這些魚類身上，成對的鰭是直接連在體壁上的骨骼，而且也並非始終都占有主導地位，因為在古時候，主宰海洋的是他們的表親——肉鰭硬骨魚。顧名思義，肉鰭魚的成對鰭是以粗壯的肉質延伸出去，遠離身軀，並有額外的骨頭支撐。

肉鰭魚曾經有各式各樣的群體，包括爪齒魚（onychodonts）——這種生物擁有鬆散的頭骨和獠牙狀的牙齒——以及巨型的掠食動物根齒魚（rhizodont），其中最大型的根齒魚是希氏根齒魚（*Rhizodus hibberti*），體長可達七公尺。介於二者之間還有各種形態的生物，許多都包覆著厚厚的鱗片，鱗片上還有某種形式的琺瑯質。

其中存活最久的肉鰭魚類或許就屬腔棘魚了（過去如此，現在亦然）。他們在泥盆紀出現[96]，一直到恐龍年代才消失，始終都維持差不多的樣子——或者說，看似維持了很長的一段時間。因為在一九三八年，南非外海發現了一個最近才死亡的樣本，這才知道這個種群至今依然存活於印度洋的科摩羅群島附近[97]；後來，又在印尼發現了另外一個種群[98]。這些動物跟他們在遠古的泥盆紀祖先相比，幾乎沒有什麼改變。雖然技藝精湛的漁民都知道他們的存在，但是因為他們的習性就是棲息在深海的垂直海底懸崖附近，所以逃過了科學家的法眼。

反之，有些肺魚就演化到幾乎讓人認不出來的地步。儘管澳洲肺魚（*Neoceratodus*）——一種包覆著鱗片盔甲的淡水魚——跟古老的肉鰭魚類長得很像，但是他的表親南美肺魚（*Lepidosiren*）和非洲肺魚（*Protopterus*）就已經完全改頭換面，甚至還一度被誤認為是四足動物[99]。

---

95 這部分純屬臆測，不過，既然比較進化的盾皮魚，甚至現代魚群的物種，在志留紀時就已經出現了，這樣的猜測應該不至於太離譜。

96 詳見 Zhu *et al.*, 'Earliest known coelacanth skull extends the range of anatomically modern coelacanths to the Early Devonian', *Nature Communications* **3**, 772, 2012。

97 詳見 P. L. Forey, 'Golden jubilee for the coelacanth *Latimeria chalumnae*', *Nature* **336**, 727–732, 1988。

98 詳見 Erdmann *et al.*, 'Indonesian "king of the sea" discovered', *Nature* **395**, 335, 1998。

99 在任何已知動物中，澳洲肺魚擁有最大的基因組，是人類的十四倍；儘管與四足動物的基因組類似，但是卻充斥著在漫長演化史中累積的垃圾。詳見 Meyer *et al.*, 'Giant lungfish genome elucidates the conquest of the land by vertebrates', *Nature* **590**, 284–289, 2021。

線索藏在名稱裡。

最初，所有的魚類都有肺——原本是從口腔頂部長出來的一個囊袋——但是後來在大部分的魚類身上，這個囊袋就變成一個單獨的氣囊，用來調節浮力。在純粹水生的腔棘魚身上，這個囊袋裡裝滿了脂肪。不過，因為肺魚生活在可能會乾涸的溪流與池塘，有時候真的會讓魚離開了水，因此肺魚就善用這個氣囊來直接呼吸空氣。的確，南美肺魚必須呼吸空氣才能存活，但是這並不表示肺魚跟四足動物有什麼特別親密的關係，他們適應陸地生活的演化過程是完全獨立的，而且無論是南美肺魚或是非洲肺魚，其四肢都萎縮成細長鞭狀，並沒有演化出結實強壯的四肢，用以支撐動物在陸地上的體重。在泥盆紀出現的最早期肺魚，長得跟那個時代的肉鰭魚都很像。

至於也有表親上岸的其他魚類也是一樣。像真掌鰭魚（*Eusthenopteron*）和骨鱗魚（*Osteolepis*）當然都是魚類無誤，但是他們的近親卻已經演化到可以偶爾離水放縱一下的程度，後來更養成了固定上岸的習慣。

這些魚類有很多都棲息在長滿雜草的淺水區，靠著捕食更小的親戚維生。有些體型變得比較大，就利用靈活且有骨骼支撐的鰭走到最好的據點，突襲毫無警覺的路人。根鹵魚就是這樣。另外一群希望螈目（elpistostegalians）的生物則又走得更遠一點。

希望螈目的動物完全是淺水區的掠食者。他們的體態不像魚類是從左右兩側壓扁，反而更像鱷魚是上下壓成扁平狀，更適合在淺水區潛伏。有些甚至還有置於頭頂的眼睛，而不是放在頭部兩側，那就演化得更徹底了。他們不成對的鰭——如背鰭、臀鰭等——都已經退化或完全消失；至於成對的鰭則演化成小型的手腳，還有像是魚鰭的手指，更適合實際的用途。泥盆紀末期的提塔利克魚（*Tiktaalik*）就是一個典型的例子[100]，還有希望螈（*Elpistostege*）也是[101]。這些動物的身長大約一公尺，約莫是小型鱷魚的體型。他們的頭部寬扁，眼睛在頭頂的正中央，身體靈活會彎曲，還有像腿一樣的粗壯前肢，而且四肢的骨骼細節與今天的陸生脊椎動物相呼應。這些魚有肺，或許不常使用內鰓。他們頭顱上方通常會延伸出來覆蓋住魚鰓區域的部位相對較短，形成一個明顯的「頸部」，對於突襲的掠食者來說更好，因為他們需要瞬間轉頭，攫獲快速移動的獵物。從各個方面來說，希望螈目的生物都是四足動物，只有在四肢的前端以鰭緣取代了手指和腳趾。

100 詳見 Daeschler *et al.*, 'A Devonian tetrapod-like fish and the evolution of the tetrapod body plan', *Nature* **440**, 757–763, 2006。

101 詳見 Cloutier *et al.*, '*Elpistostege* and the origin of the vertebrate hand', *Nature* **579**, 549–554, 2020。

提塔利克魚、希望螈及其表親都生活在三億七千萬年前，也就是接近泥盆紀末期的年代。然而，他們的歷史卻可以追溯到更久遠之前。在他們的同類之中，有一個比他們至少早了兩千五百萬年，就已經將條鰭換成了指頭。早在三億九千五百萬年前，就已經有他們的同類在現今波蘭中部的沙灘留下足跡[102]；沒有人知道是哪一種四足動物留下這些痕跡，但是除了四足動物之外，沒有其他生物可能留下這樣的痕跡。

除了出現的年代很早之外，更令人震驚的是，他們的出生地並非淡水，而是海邊有潮汐漲退的淺灘。最早的四足動物就是直接從海裡出來的——跟維納斯一樣[103]。他們都適應在鹹水裡的生活，或許也能適應在河流出海口附近帶有鹽分的水[104]。

＊

在這底下的地球依然動個不停。自從羅迪尼亞超級大陸崩裂之後，陸塊就分解得七零八落。慢慢的，大陸塊漂移的潮流在五億年後開始轉變。當南方的岡瓦納大陸漂到了南極上方，奧陶紀大滅絕成了生命出現的先鋒。

在泥盆紀末期，岡瓦納大陸與另外兩個北方大陸塊——歐美大陸（Euramerica）與勞俄大陸（Laurussia）——開始朝著彼此移動，邊緣產生摩擦，這樣的衝撞擠壓，產生了巨大的山脈，也形成了單一的大型陸塊，就是盤古大陸。大陸的合併再次影響到生活在陸地表面上的生物：有點像是拉動床單時，隨意丟棄在床上的玩具、碎屑、書本和早餐用具等等，也會跟著移位。另一方面，天氣對原始新山脈的作用吸收了空氣中的二氧化碳，減少了溫室效應，並促使南極岡瓦納大陸上的冰川回歸。至於其他地方，火山活動也造成了損失，大滅絕又近在眼前。

大部分遭到滅絕的生物都在海洋裡。珊瑚的損失最慘，形成礁岩的海綿——被稱為層孔蟲，在泥盆紀很常見——也完全滅絕[105]。疊層石在礁岩上復活了。但是對最後一條無頜盔甲魚，還有盾皮魚以及大部分的肉鰭魚來說，這場動亂都意味著末日到來。不過其他群體卻倖存下

102 詳見 Niedzwiedzki *et al.*, 'Tetrapod trackways from the early Middle Devonian period of Poland', *Nature* **463**, 43–48, 2010。

103 好吧，至少在電影《007 情報員》中的烏蘇拉．安德絲（Ursula Andress）是從海裡出來的。

104 詳見 Goedert *et al.*, 'Euryhaline ecology of early tetrapods revealed by stable isotopes', *Nature* **558**, 68–72, 2018. 我們似乎很難想像最早期的四足動物——基本上就是兩棲動物——是直接從海裡出來的，因為我們熟悉的兩棲類動物多半都生活在淡水裡。然而，即便是現在，也有一些兩棲類動物棲息在偶爾會有鹹水的環境中，如紅樹林沼澤：請參閱 G. R. Hopkins and E. D. Brodie, 'Occurrence of amphibians in saline habitats: a Review and Evolutionary Perspective', *Herpetological Monographs* **29**, 1–27, 2015。

105 詳見 C. W. Stearn, 'Effect of the Frasnian-Famennian extinction event on the stromatoporoids', *Geology* **15**, 677–679, 1987。

來。在泥盆紀即將告終的年代，四足動物的多樣性成了這個時代的標誌。

然而，早期的四足動物大部分的時間仍然留在水裡。儘管他們有四肢和指頭，卻是占據了水生掠食者的有利地位，專門突襲獵物，類似被他們取代的根齒魚屬和希望螈目的生物。不管當初他們長出指頭是為了什麼用途，顯然都不是專門為了陸地上的生活才演化出來的。

最原始的四足動物包括蘇格蘭的散步魚（*Elginerpeton*）[106]、拉脫維亞的孔螈（*Ventastega*）[107]、俄羅斯的圖拉螈（*Tulerpeton*）[108]和帕瑪螈（*Parmastega*）[109]，還有在現今格陵蘭東部熱帶沼澤發現的魚石螈（*Ichthyostega*）。帕瑪螈的外形和生活型態很像提塔利克魚或現代的凱門鱷魚，他們在水裡巡弋時，只有頭頂的兩隻眼睛會露出水面。魚石螈的體型很大——身長約有一公尺半——身材結實健壯，脊椎骨的形狀怪異，顯示他們在陸地上移動時，會像海豹一樣拍打地面、扭動身軀，而不是利用粗短的四肢行走[110]。同樣來自格陵蘭的棘被螈（*Acanthostega*）身長只有魚石螈的一半，體型比較修長，雖然也有四肢，但是卻長在身體的兩側，而且形狀根本不適合用來走路；此外，他們有內鰓，就跟魚一樣，所以很可能終其一生都在水裡生活[111]。反之，跟他們同一年代、來自賓夕法尼亞世[112]的海納螈（*Hynerpeton*）就有強健的肌肉組織，完全可以在陸地上生活[113]。到了泥盆紀末期，四足動物的種類已經很多樣化，不過主要都是水生群體，算是長相奇特、有四隻腳的肉鰭魚。

然而，你或許會以為最早期的四足動物似乎並不是那麼在乎他們的腿，或者至少說，不在乎他們的手和腳。圖拉螈的四肢有六根指頭；魚石螈有七根；棘被螈則至少有八根[114]。許多

---

106 詳見 P. E. Ahlberg, 'Potential stem-tetrapod remains from the Devonian of Scat Craig, Morayshire, Scotland', *Zoological Journal of the Linnean Society of London* **122**, 99–141, 2008。

107 詳見 Ahlberg *et al.*, '*Ventastega curonica* and the origin of tetrapod morphology', *Nature* **453**, 1199–1204, 2008。

108 詳見 O. A. Lebedev, [The first find of a Devonian tetrapod in USSR] *Doklady Akad. Nauk. SSSR.* 278: 1407–1413, 1984 (in Russian)。

109 詳見 Beznosov *et al.*, 'Morphology of the earliest reconstructable tetrapod *Parmastega aelidae*', *Nature* **574**, 527–531, 2019；N. B. Fröbisch and F. Witzmann, 'Early tetrapods had an eye on the land', *Nature* **574**, 494–495, 2019。

110 詳見 Ahlberg *et al.*, 'The axial skeleton of the Devonian tetrapod *Ichthyostega*', *Nature* **437**, 137–140, 2005。

111 詳見 M. I. Coates and J. A. Clack, 'Fish-like gills and breathing in the earliest known tetrapod', *Nature* **352**, 234–236, 1991。

112 譯註：在地質時代中，賓夕法尼亞世（Pennsylvania）是石炭紀的一個子時期，約在三億兩千三百二十萬至兩億九千八百九十萬年前之間。

113 詳見 Daeschler *et al.*, 'A Devonian Tetrapod from North America', *Science* **265**, 639–642, 1994。

114 詳見 M. I. Coates and J. A. Clack, 'Polydactyly in the earliest known tetrapod limbs', *Nature* **347**, 66–69, 1990。

四足動物在演化過程中失去了指頭，有些甚至連四肢都不見了，但是現存的四足動物中，四肢通常最多就是每一肢有五根指頭。有五根指頭的肢體（這樣的狀態稱之為五趾型肢）似乎已經在我們腦海中根深蒂固，甚至認為這是上帝心目中的原型，連偶爾出現的六趾生物都被視為違背了自然法則。

⁂

最早期爆發的多種四足動物一直存活到泥盆紀結束，但是在接下來的石炭紀中，卻逐漸被一種體型較小、身材較修長、也比較「現代」的生物所取代[115]。這種看起來比較像是蠑螈而不像魚類的生物，最後決定了每根肢體末端應該有幾根指頭。

大約在三億三千五百萬年前，當盤古大陸開始融鑄成最後的形態時，在現今蘇格蘭西洛仙（West Lothian）地區有座陰暗的森林，此處屬於火山地形，或許還有溫泉，導致森林裡濕氣蒸騰，充斥著早期四足動物令人毛骨悚然的叫聲。在這樣的環境中，出現了一種在肥沃的岩縫中生存的四足動物，被命名為 *Eucritta melanolimnetes*——原文的意思就是「來自黑色潟湖的生物」[116]。

儘管最早期的四足動物演化出來的四肢，已經粗壯到足以支撐他們在陸地上的重量，但是生命中還有一件大事讓他們離不開水——繁殖後代。這些早期的四足動物跟現代的兩棲動物一樣，都必須回到水裡才能繁衍，他們的後代子孫跟蝌蚪一樣，都是像魚一樣的生物，身上有鰭，也靠鰓來呼吸。

然而，有一群動物已經準備好要粉墨登場，他們將徹底改革繁殖方式，完成登陸大業的最後一哩路。這種動物叫做西洛仙蜥（*Westlothiana*），生活在煤炭森林[117]裡，成天聽著其他早期陸生脊椎動物的叫聲，還有大型犬那種尺寸的蠍子四處爬行的窸窸窣窣聲，更要面臨尾隨四足動物上岸的巨型廣翅鱟目海蠍所帶來的威脅。這種像蜥蜴一樣的小型生物[118]，在演化上已

---

115 詳見 Clack *et al.*, 'Phylogenetic and environmental context of a Tournaisian tetrapod fauna', *Nature Ecology & Evolution* **1**, 0002, 2016。

116 詳見 J. A. Clack, 'A new Early Carboniferous tetrapod with a *mélange* of crown-group characters', *Nature* **394**, 66–69, 1998。

117 譯註：煤炭森林（Coal forests）是石炭紀晚期至二疊紀之間，廣泛分布於地球大部分熱帶地區的大片森林及沼澤，其中大量的植物死亡後，被埋在地底形成了泥炭，最後轉化為煤。

118 詳見 T. R. Smithson, 'The earliest known reptile', *Nature* **342**, 676–678, 1989；T. R. Smithson and W. D. I. Rolfe, '*Westlothiana* gen. nov.: naming the earliest known reptile', *Scottish Journal of Geology* **26**, 137–138, 1990。

經可以算是一群四足動物的祖先，他們可以產下有硬殼、會防水的卵，每一顆卵就是一個私人池塘，可以產在沒有水的地方，最後終於斷絕了脊椎動物的生命與水的關係。

就是這些動物後來演化成爬蟲類、鳥類與哺乳類動物。

# 05

# 羊膜動物崛起

盤古大陸形成導致後續發生了大滅絕，古蕨與枝蕨森林都因此遭到毀滅，在泥盆紀的海洋中建立起大型礁岩的珊瑚與海綿也同歸於盡，所有的盔甲魚類——如盾皮魚——也跟著大部分的肉鰭魚類死亡，只剩下少數三葉蟲存活下來。這時，藍綠菌的黏液、黏稠物和細絲取而代之，占據了海洋，層疊石也跟生命最初期的時候一樣，主宰了礁岩，至少有好一陣子[119]。

對於最早期的四足動物來說，這次的滅絕是個挫敗，他們第一次英勇登陸的突擊戰，可以說當場就戛然而止。那些在大滅絕中倖存的四足動物都選擇靠水生活，最好乾脆活在水裡。

然而，還是有一些四足動物重新集結起來，試圖再一次征服荒涼天空下的這片大地。這些生物跟最早期的四足動物截然不同，不過從全局觀之，仍然只是長了腳的魚而已。

在石炭紀一開始的時候，有一種身長約一公尺、外形像是蠑螈、名為彼得足螈（*Pederpes*）的生物爬上了岸[120]。最早期的四足動物，如棘被螈和魚石螈，都盛行多趾，但是彼得足螈卻不一樣，他們創建了一種延續至今的模式，也就是每肢不超過五趾——儘管化石遺跡顯示他們依然保留了退化的第六趾，紀念過去的時光。

在那個年代，彼得足螈算是相對大型的生物，他們跟許多體型小了好幾號的四足動物[121]一起分享這個世界，這些小型的四足動物靠著在水邊捕食像馬陸這樣的節肢動物維生，或是跟蠍子進行小小的殊死戰——有時候，還跟廣翅鱟展開較大規模的交戰，後者都是跟隨古老獵物的腳步一起上了岸[122]。這些在石炭紀的最早期四足動物雖然比他們在泥盆紀的親戚更適應陸地上的生活，但是也不會遠離水邊，主要棲息在經常有洪水氾濫的平原上。登陸的腳步雖然向前邁進了幾步，不過仍然處於暫時性的試探階段。

然而，有些石炭紀的早期四足動物仍屬於水生，甚至還有一些打算拋棄他們才剛演化出來的四肢，例如：厚蛙螈（*Crassigyrinus*）——一種外形像是海鱔的掠食動物，身長約一公尺，有短小的四肢和長滿利齒的大頷，是石炭紀早期在溪流和池塘裡橫行一方的霸主。還有一些更激進一點，例如稱之為缺肢類的小型蛇形兩棲動物，就完全失去了四肢[123]。這些生物屬於返祖現象，回到了過去那個已經消失的年代，是從未離開水的四足動物。四足動物是否真的完全登陸了，數百萬年來，仍然不無爭議。

119 詳見 Yao *et al.*, 'Global microbial carbonate proliferation after the end-Devonian mass extinction: mainly controlled by demise of skeletal bioconstructors', *Scientific Reports* **6**, 39694, 2016。

120 詳見 J. A. Clack, 'An early tetrapod from "Romer's Gap"', *Nature* **418**, 72–76, 2002

121 詳見 Clack *et al.*, 'Phylogenetic and environmental context of a Tournaisian tetrapod fauna', *Nature Ecology & Evolution* **1**, 0002, 2016。

122 詳見 Smithson *et al.*, 'Earliest Carboniferous tetrapod and arthropod faunas from Scotland populate Romer's Gap', *Proceedings of the National Academy of Science of the United States of America*, **109**, 4532–4537, 2012。

123 詳見 Pardo *et al.*, 'Hidden morphological diversity among early tetrapods', *Nature* **546**, 642–645, 2017。

在泥盆紀末期的大滅絕之後，為四足動物遮蔭的陸生植物本身也跟四足動物一樣又瘦又小，無法與其祖先相提並論。森林復育需要時間，不過一旦他們恢復了元氣，就長成世界上最巨大的雨林。主宰森林的是二十公尺高的問荊，如蘆木（*Calamites*），還有像鱗木屬的石松，高達五十公尺的莖稈傲然伸向天際，只不過此時的天空並不是一片碧藍，而是呈現褐色，而且還充斥著燃燒的惡臭。

現今的樹木大多生長得很緩慢，可以存活數十年，甚至數百年，並且由木質核心支撐他們的軀幹。在接近樹皮的地方，有圓柱形的管道將水分由下往上輸送到樹葉，為光合作用提供燃料，再將剛完成的糖分往下輸送到樹根和植物的其他部位。每一棵樹在漫長的生命中，都會多次繁殖。在雨林中，樹頂的葉子遮蔽了樹下大部分的土地，因此在陰暗的森林地面上方，形成另外一個完全不同的生態系，滋養了一批很少甚至完全不接觸地面的動植物。

然而，在石炭紀的石松森林卻不是這麼一回事。石松跟他們在泥盆紀的祖先一樣，莖稈都是中空的，全靠厚厚的外皮來支撐軀幹，而不是木質心材，而且莖稈上覆蓋著如樹葉般的綠色鱗片。的確，他們整株植物——從軀幹到有如枝椏般下垂的樹冠——全都覆蓋著鱗片，沒有圓柱管道輸送食物，每一個鱗片都能單獨進行光合作用，提供周遭組織所需的養分。

在我們看來，更奇怪的是，這些植物一生中絕大部分的時問都像是地表毫不起眼的殘株，直到他們準備要繁殖了，才會開始生長成樹，每根莖稈都向上竄升，彷彿以慢動作施放煙火一樣[124]，迸發樹冠枝椏，並且將孢子散播到風中。

一旦灑出孢子之後，這棵樹就死亡了。

經過多年的風吹雨淋，真菌和細菌會逐漸侵蝕孢子的外殼，最後崩解，落在底下濕透的森林地面。石松森林看起來就像是第一次世界大戰中在西部戰線遭到遺棄的荒涼地景：坑坑疤疤的地面全都是中空的殘株，遍地積水，到處充斥著死亡的氣息；樹木的葉子與枝椏早已剝落，只留下一根莖稈，從腐敗的泥淖中站起來。林中沒有什麼樹蔭，除了石松莖稈的碎片殘骸掉落地面，在周圍堆出愈來愈深的垃圾之外，根本沒有什麼林下層植物生態。

石松綱植物這種揮霍的生活型態，為整個世界帶來了巨大的後果。石松綱植物快速且不斷重覆的生長，消耗了大量的碳，所有的碳都來自空氣中的二氧化碳。這樣的揮霍消費，再

124 的確很慢，整個過程甚至要花好幾年的時間。

加上新生山脈的強烈風化，有助於減少溫室效應和南極附近冰川的重新生長。

其次，能夠分解死亡樹幹的大多數生物——如白蟻、甲蟲、螞蟻等——都尚未演化出來，也還沒有太多動物能夠吃得下植物。其中極少數有這等能力的，就是古網翅目（Palaeodictyoptera）的動物，他們也是最早演化出翅膀、能夠飛行的昆蟲種群之一。在這些動物中，有些可以長到像烏鴉那麼大，而且不像現代會飛的昆蟲那樣只有兩對翅膀[125]，而是有三對——在平常的兩對翅膀前面，還有一對較小而且已經退化的翅膀，是從更早之前有多翅昆蟲飛行的年代所留下來的遺跡，但是現在已經消失了。另外，他們還有像蟲子一樣突出的口器，可以吸吮汁液，因此會從高空中降落在石松上，吃掉石松用來生產孢子的柔軟器官[126]。

第三，所有的光合作用產生了大量的游離氧。事實上，空氣中的氧氣含量太高，導致雷擊可以像火把一樣點燃樹木，即使是浸了水的沼澤森林也不能倖免，也因此產生大量木炭，使得天空永遠都是褐色，而且始終煙霧迷漫。

這些木炭遭到快速掩埋，並且以難以察覺的速度腐爛，意味著許多石松的枝幹很快就整個被埋入森林地底，三億年後，再以煤炭的形式重新出現。這也是整個時代——石炭紀——名稱的由來，只不過煤炭森林還一直持續到二疊紀。現今已知的煤炭礦藏有百分之九十都是在這短短的七千萬年間形成的，也正是石松森林的年代[127]。

那是一個兩棲動物生氣勃勃的世界，並且演化成各種不同的形式。其中體型較小者扭動身軀，鑽進了河岸，追逐小蠍子、蜘蛛與盲蛛；至於體型較大的表親則留在水裡，在水中巡弋，尋找較小的獵物，捕捉巨型蜉蝣生物、古網翅目的動物、像海鷗一樣大的蜻蜓，還有不小心落在水面的有翼昆蟲。

兩棲動物，顧名思義，就是介於水生與陸生動物二者之間的生物，不過其中有些比較喜歡陸地上的生活，而羊膜動物正是從中演化出來的。因此，最早的羊膜動物看起來很像兩棲動物，二者一起分享這個世界，也都是類似蠑螈的小型動物[128]。他們跟兩棲動物一樣，會快速

---

125 那些看似只有一對翅膀的昆蟲，其實都還有一對偽裝的翅膀。以甲蟲為例，他們的前翅已經演化成堅硬的翼蓋，用以保護後翅。至於蒼蠅的第二對翅膀則已經退化成一對微小的器官，可以快速旋轉，充當陀螺儀使用，讓他們擁有如傳奇般的機動能力，也說明了為什麼很難用捲起來的報紙打中蒼蠅。

126 詳見 A. Ross, 'Insect Evolution: the Origin of Wings', *Current Biology* **27**, R103–R122, 2016。遺憾的是，古網翅目動物已經絕跡了——他們在二疊紀末期，跟著滋養他們的森林一起遭到滅絕。

127 George McGhee, Jr 的 *Carboniferous Giants and Mass Extinction* (Columbia University Press, 2018) 一書對於大煤炭森林裡的生命有詳實且栩栩如生的描述，讓我受益良多。

128 在蘇格蘭愛丁堡附近的東柯克頓（East Kirkton）有一座石灰岩採石場，那裡提供一個了解石炭紀早期生命的窗口，也就是大煤炭森林剛開始的時候，而且充滿戲劇性。大約三億三千萬年前，那個地方接近赤道，保留了驚人的化石遺跡，包括早期的兩棲動物、羊膜動物（及其親屬），還有像馬陸、蠍子和最早知道的盲蛛等節肢動物，以及巨型廣翅鱟目動

逃竄，躲藏在石松綱植物像是長滿彈孔的殘株內，並且會衝出去捕捉蟑螂或蠹魚維生，同時儘量避免受到如夢魘般的大型生物注意——這些生物都因為豐富的氧氣而膨脹成超大型的怪物，例如：體型如狗一般大的蠍子，羊膜動物必須要躲避他們的利刺，還要躲避像魔毯一樣長、一樣寬的馬陸；另外還有像是身長達兩公尺的廣翅鱟目海蠍，他們為了追逐快速演化的魚類獵物而離開海洋，因此羊膜動物可能也會畏懼他們無情、帶刺、如坦克般的腳步。

*

對於兩棲動物來說，在這個「人間樂園」[129]產卵是極其危險的。如果像現代的青蛙或蟾蜍一樣在開放水域產卵，等於是替任何路過的魚類或其他兩棲動物提供唾手可得的零食，因此兩棲動物必須演化出各種方式來保護他們的後代子孫。有些在產卵地點站崗守衛；有些則遠離開放水域，找尋池塘或水坑來產卵，例如在樹樁裡；還有一些則可能將卵以果凍狀的形式產在懸垂於水上的植物上，如此一來，當蝌蚪孵化時，就會直接掉進水裡；有些甚至會延長幼體階段，因此孵化時不是變成蝌蚪，而是直接變成微型的成體，完全有能力逃離任何威脅；其他的則乾脆抱卵抱到底，將卵保留在母親體內，甚至可能在母體組織上孕育，直接生下活的大寶寶[130]。

至於羊膜動物則更是技高一籌。他們更進一步演化出的不是產卵地點，而是卵本身。胚胎就像一個無助又可憐的小黑點，但是在其外圍不但有果凍包覆，更有好幾層薄膜保護，將危險的外在世界拒於門外，時間愈久愈好。

其中一層膜就是羊膜，是一種防水胎膜，為胚胎提供了專屬的私人池塘與生命支持系統[131]。卵黃囊可以為胚胎提供營養；而另一種膜，尿膜，則收集並儲存胚胎的廢物；圍繞著這

---

物的碎片。這個化石寶庫是由不尋常的地質條件所造成的：該地區地質活躍，有溫泉——這肯定不利於水生生物——而且附近的活火山偶爾還會爆發，讓滾燙的火山灰覆蓋所有一切。同時，這裡還有大量黑色、軟爛、無氧的泥漿，讓裡面的生物幾乎可以完好無損地保存下來，但是其中沒有魚類。有關該地的地質與概論，請參閱 Wood *et al.*, 'A terrestrial fauna from the Scottish Lower Carboniferous', *Nature* **314**, 355–356, 1985 以及 A. R. Milner, 'Scottish window on terrestrial life in the early Carboniferous', *Nature* **314**, 320–321, 1985。除了近乎是羊膜動物的西洛仙蜥和許多其他形式的生物之外，東柯克頓還產生了一種斜眼螈類（baphetid）的動物——屬於一種既不是羊膜動物，也不是兩棲動物的生物種群，正足以證明在那個年代，很難光憑外觀斷定某種生物是屬於那一類的動物。而且我們也不知道哪一種生物會產下什麼樣的卵，又或者在兩棲動物的卵與羊膜動物的卵之間，是否有任何過渡形式。這種生物後來以其生活環境命名，稱為 *Eucritta melanolimnetes*——就是「來自黑色潟湖的生物」。（J. A. Clack, 'A new early Carboniferous tetrapod with a *mélange* of crown-group characters', *Nature* **394**, 66–69, 1998）。

129 譯註：原文所述的《Garden of Earthly Delights》是早期荷蘭畫家 Hieronymus Bosch 創作的畫作，描繪上帝初創世界的樣子。

130 雖然是我自己的臆測，不過這些都是現代兩棲動物已經採用過的策略，而且還不只這些，因此推測他們已經滅絕的親戚也會採取相同的做法，其實並不為過。

131 我們人類並不會產卵，但是卻保留了各種薄膜，其中包括羊膜，胎兒就在這個囊袋中成長。當準媽媽宣佈她的「羊水破了」時，就是羊膜囊破裂，接下來很快就是卵孵化——或者，以我們人類而言，就是胎兒出生。

些膜囊的是絨毛膜，而在**更外面一層的**，就是蛋殼了。

最早的羊膜動物的蛋殼像皮革一樣柔軟而堅韌，更像是蛇卵或鱷魚卵的殼，而不是堅硬的結晶蛋殼[132]。更重要的是，羊膜動物不需要像兩棲動物一樣消耗能量來精心照顧他們的後代，可能只要在產卵後，將卵埋在落葉或腐爛的木頭裡保暖，就可以一走了之。

最初，羊膜卵只是兩棲動物為了避免後代在孵化前就被吃掉，提高存活的機率所演化出來的另一種方式。但是這些早期的產卵者也演化出了一種完全脫離水的方式。羊膜卵就像一件太空裝，用於適應一個充滿敵意的全新世界——一個完全遠離水的世界。

在接下來的幾百萬年內，真正的羊膜動物就演化出來了。他們不再是像蠑螈一樣的小型動物，而是像蜥蜴一樣的小動物，跟林蜥（*Hylonomus*）和油頁岩蜥（*Petrolacosaurus*）這樣的動物看起來很相似，做的事情也大致相同——尋找昆蟲和其他無法逃脫他們飢餓下頜攻擊的小動物。不過在血緣上，他們還是比較接近後來產生蛇、蜥蜴、鱷魚、恐龍和鳥類的譜系。然而，始祖單弓獸（*Archaeothyris*）的起源卻不在這裡，而是一種叫做盤龍目（pelycosaur）的生物，那是類似爬蟲類動物的一員，其後代包括哺乳動物，當然也包括我們人類。

羊膜卵的演化是脊椎動物得以在陸地生存的重要關鍵。而植物界當然也以自己的方式來應對乾旱的挑戰，一些表面上看起來像是蕨類的植物演化出種子，也就是種子蕨，而他們的親戚後來就成了針葉樹的祖先。

陸地上最早出現的植物是苔類和蘚類，比較像是兩棲動物，因為他們的繁殖全都離不開水。雄性植物的精子游過光滑的水面——這裡始終都覆蓋著一些愛水植物的枝葉——尋找雌性植物的卵子來授精。受精卵長出來的植物本身並不會製造精卵，而是一種稱之為孢子的微小顆粒。這些孢子散播到環境中，落地之後，就會發芽生長，長出更多會製造精卵的植物。於是，這樣的循環不斷，隔代交替出現會製造性細胞（配子體）與製造孢子（孢子體）的植物。雖然孢子通常能夠抗旱，但是精卵細胞卻不行，所以苔蘚類植物都離不開水。

以苔類和蘚類來說，配子體與孢子體看起來很相似；但是以蕨類來說，顯然就是偏愛孢子體。我們在森林和田野中看到的蕨類，全部都是孢子體，在他們的葉片背面有長長的一排孢子囊，會製造出孢子；反之，配子體則小而柔軟，也比較隱匿，不容易發現，而且外形一

---

132 就連恐龍蛋的殼也像皮革一樣，還有目前已知最大的化石卵也是一樣，這可能是某種海洋爬蟲類動物所產下的卵。詳見 Norell *et al.*, 'The first dinosaur egg was soft', *Nature* doi.org/10.1038/s41586-020-2412-8, 2020；Legendre *et al.*, 'A giant soft-shelled egg from the Late Cretaceous of Antarctica,' *Nature* doi.org/10.1038/s41586-020-2377-7, 2020；J. Lindgren and B. P. Kear, 'Hard evidence from soft fossil eggs', *Nature* doi.org/10.1038/d41586-020-01732-8, 2020。

點也不像蕨類：因為他們會製造需要在水膜上移動的精卵細胞，所以必須在潮濕的地方才能存活。在大煤炭森林時代的巨大石松與問荊也是一樣。

不過，有些蕨類的配子體縮小到幾乎就只剩下他們製造出來的性細胞，小到整個配子體世代都包覆在可能是雄性、也可能是雌性的孢子裡。某些物種的雌性孢子會依附在植物上，而不是散播到環境中；雄性孢子則由風帶到雌性孢子的身邊。卵子一旦受精之後，就會變成種子，受到堅硬結實的外皮保護，只有在遇到合適的條件時才能萌芽。種子的演化就跟羊膜卵的演化一樣，讓植物可以擺脫水的專制統治。

煤炭森林的蓬勃生長並未一直持續下去，隨著盤古大陸緩慢向北移動，該來的終究躲不掉。在地球的最南端，原本在南極有一片冰封大地，一直到石炭紀晚期與二疊紀早期的大部分時間裡都有厚厚的冰層覆蓋，但是此時冰層再次融化。然而，隨著南北大陸的融合，赤道溫暖的海水無法繞地球一周，因為一路上有太多的陸地阻隔。

不過，這時候有一片海洋卻充滿了生命，也就是特提斯洋（Tethys），一個位於盤古大陸東側的巨型熱帶海灣，周圍遍布礁岩，讓這個超級大陸看起來像一個非常大的字母「C」。

陸地的位置——讓赤道的海水無法輕易地環繞地球——意味著特提斯洋的海岸有明顯的季節性變化。漫長的乾季經常被猛烈的季風降雨打斷，類似現在印度的雨季，只不過影響範圍遍及全球[133]。這種季節性氣候對於以石松綱植物為主的雨林來說太過嚴酷了，因為他們全年都需要熱帶潮濕的氣候。於是雨林縮小成孤立的小塊土地，只有華南地區是個例外——當時，那裡是在特提斯洋東邊距離相當遙遠的一個島嶼大陸，還保留著石松綱森林：一塊被時間遺忘的土地。

取而代之的，是由各種會產生孢子的樹蕨、種子蕨和較小的石松綱植物混合而成的森林，這些植物更能適應一年中大部分時間都很乾燥而且非常、非常炎熱的季節性氣候。至於在遠離海岸的地區，則是大片沙漠蔓延。

煤炭森林的死亡對兩棲動物和爬蟲類動物的命運產生了劇烈的影響[134]。兩棲動物遭了殃，

133 有關盤古大陸的形成及其後發展，尤其是二疊紀末期幾乎所有生命的滅絕等細節，請參閱 Ted Nield 的著作 *Supercontinent* (London: Granta, 2007) 以及 Michael J. Benton 的 *When Life Nearly Died* (London: Thames & Hudson, 2003)。

134 詳見 Sahney *et al.*, 'Rainforest Collapse triggered Carboniferous tetrapod diversification in Euramerica', *Geology* **38**, 1079–1082, 2010。

但是爬蟲類動物卻設法生存下來，並且適應了較乾燥的氣候所提供的機會。

儘管許多兩棲動物的外形仍然像鱷魚一樣，並且生活在靠近水的地方，但也有一些兩棲動物接受了沙漠生活的挑戰，外形看起來也更像爬蟲類動物，其中之一就是闊齒龍（*Diadectes*），那是一種像犀牛的動物，身長可以長到三公尺，可以說扮演了先鋒的角色，因為他們是第一批接受激進的新飲食習慣的四足動物——也就是素食。在此之前，所有的四足動物都吃昆蟲、魚或其他四足動物，但是肉質獵物不容易捕捉，而且就算捕捉到了，也很快就輕易地消化精光。然而，植物受到環境所迫，必須有堅韌的纖維組織才能站立起來，抵禦外侮，因此他們的每一個細胞外圍都包覆了一層帷幕牆，成分是無法消化的纖維素。

如果植物材料無法以物理性分解——而且最早的四足動物沒有特別的牙齒可以有效地磨碎食物——那麼就必須在寬敞的腸道中被各種細菌裁切、剪碎、吞嚥，然後慢慢發酵，就像堆肥一樣，再以非常緩慢的速度，釋放出微不足道的營養素。這就是草食動物通常體型龐大、行動緩慢，而且幾乎無時無刻都在進食的原因。這時候，第一批爬蟲類草食動物也加入了闊齒龍的行列，其中就有體型巨大、渾身長滿疣的鋸齒龍（pareiasaurs），他們的祖先是像林蜥這種小型蜥蜴，不過本身卻像注射了類固醇的水牛一樣。另外還有各種盤龍目動物，例如基龍（*Edaphosaurus*），這是一種整體看來更加優雅的生物，背上有一層膜，由極長的脊椎骨支撐。

這些草食動物是一些陸生兩棲動物的獵物，如引螈（*Eryops*）；引螈看起來像牛蛙，不過個性卻更像鱷魚，如果裝上輪子，看起來就像一輛裝甲運兵車，而且還有牙齒。跟引螈爭奪第一把交椅的，是其他有背帆的盤龍目動物，如異齒龍（*Dimetrodon*）。

爬蟲類動物和兩棲動物跟哺乳類動物和鳥類不同，他們缺乏內部控制體溫的機制，因此在寒冷中會遲鈍無力，需要到陽光下取暖才能變得活躍。如此一來，那些能夠比其他物種更快速升溫和降溫的動物，就逮到了機會。盤龍目動物是最早能夠主動控制新陳代謝的四足動物之一。當基龍或異齒龍側身站立，讓整片背帆面向太陽時，他們體溫上升的速度比沒有這種配備的爬蟲類動物要快得多，也會是第一個到達覓食地的動物；同樣的，當他們的背帆邊緣面向太陽時，也能更快速地散熱降溫。此外，盤龍演化出另一招絕技：大多數的爬蟲類上下頜都有一排相同的尖齒，但是盤龍不同，他們開始演化出大小不一的牙齒，能夠更有效地處理食物。

這些演化適應——熱量調節和大小不一的牙齒發育——是引領未來的徵兆。

盤龍目動物的系譜中有個後代子孫是四角獸（*Tetraceratops*）[135]，他們生活在二疊紀早期的沙漠中，也就是現在的美國德州。儘管與盤龍目動物非常相似，但是他們的頭骨和牙齒中出現一些完全不同變化的跡象，屬於一種類似爬蟲類的全新類群，更進一步創新了盤龍目動物的新陳代謝系統。這些生物稱為獸孔目（therapsids）[136]，也就是一般所說的「看起像哺乳動物的爬蟲類動物」（＊審訂說明：盤龍類或是獸孔類動物常會被說是「像哺乳動物的爬蟲類動物」，但事實上他們並不隸屬於爬蟲類動物。），後來的哺乳動物也確實是從這個種群演化出來的，不過那已經二疊紀中期的事了，還要再等好幾千萬年。

獸孔目動物與盤龍目和其他爬蟲類動物最大的不同，在於他們傾向於將四肢置於身體底下直立起來，而不是向兩側延伸。此外，他們有各式各樣有趣的牙齒，適合他們的飲食習慣，而且還是溫血動物：也就是說，他們可以調節自己的新陳代謝，不受太陽的箝制。獸孔目動物主宰了乾燥且有季節性氣候變化的盤古大陸，讓他們的親戚——盤龍目動物——黯然失色，也幾乎將更喜愛陸地生活的兩棲動物趕回了水中。

在二疊紀中晚期所提供的每一個生態棲位中，都有一種獸孔目動物可以巧妙地納入其中。早期的獸孔目草食動物包括重達兩噸的怪物，如麝足獸（*Moschops*）。繼之而起的是二齒獸（dicynodonts），可以說是地球上有史以來最成功也最醜陋的四足動物。這些桶狀生物的體型從小狗到犀牛不等，頭寬臉平，好像一輩子都在追撞停放在路上的車輛；除了一對非常大、像獠牙一樣的上犬齒外，所有的牙齒都被一個角質喙所取代。雖然名義上是草食動物，但是二齒獸不管遭遇到什麼東西，都會用犬齒鏟起來塞進嘴裡，一些較小的二齒獸也會挖洞。後來證明，這兩種習慣在世界末日到來時，都有助於保護他們不受影響。

二齒獸屬的動物會遭到兇猛的掠食者追蹤——他們也是獸孔目的表親，麗齒獸（gorgonopsians）。麗齒獸跟二齒獸一樣，體型也各不相同，小的像獾、大的像熊，但是除了他們會避開停放的車輛之外，其他方面都非常相似。他們是個性懶散、四肢修長的四足動物，擁有巨大的上犬齒，可以媲美劍齒虎。其他肉食性獸孔目動物還包括犬齒獸（cynodonts），他們的體型往往比麗齒獸要小，後來的還更小。

隨著二疊紀的流逝，犬齒獸幾乎讓自己淪落到了邊緣。他們的體型很小，有時在夜間活動，還有很大的腦，而且牙齒也已經完全分化成門牙、犬齒和臼齒。他們有皮毛與鬍鬚，在世界的邊緣跟那些體型也很小、外形通常像是蜥蜴的油頁岩蜥與林蜥的後代為伍。

135 詳見 M. Laurin and R. Reisz, '*Tetraceratops* is the earliest known therapsid', *Nature* **345**, 249–250, 1990。

136 與獸形綱（theropsids）截然不同，更別說是治療師（therapists），千萬別搞錯了。

盤古大陸在鼎盛時期幾乎從南極延伸到北極，將各大洲合併成一大塊陸地，對陸地和海洋的生命都產生了巨大的影響。在陸地上，原來是某個大陸特有的生命形態與其他大陸的生命混合在一起，本土生物與新來生物之間的競爭非常激烈，許多動物都因此絕跡了。

在海裡，大陸棚是最靠近陸地的區域，也是海洋生命最豐富的地方。一旦大陸合併起來，可以讓生物生長的大陸棚就減少了，因此在海裡爭奪生存空間的競爭也很激烈。

氣候本身也變得更具挑戰性。盤古大陸的內部基本上是非常乾燥的——即使每年都會有季風降雨帶來的洪水——而且隨著整個陸地向北漂移，通常也是真的很炎熱。雖然盤古大陸南部地區比較涼爽，也覆蓋著一種名為舌羊齒（*Glossopteris*）的樹蕨灌木叢，看似無窮無盡，不過其實植物生命並不如以前那麼茂盛。植物生命的減少意味著氧氣比以前更少，以至於到了二疊紀末期，在海平面呼吸就像今天在喜馬拉雅山上呼吸一樣困難。地球上的生命只剩下奄奄一息。

更慘的情況還在後頭，因為世界末日即將來臨。差不多在二疊紀末期時，從地球深處冒出一股岩漿熱柱[137]，與表面的地殼相遇，時間長達數百萬年，將地殼融化。

到了二疊紀晚期，根本就不需要到地底下去尋找地獄，因為地獄已經浮上地球表面，就在現在的中國。那裡曾經鬱鬱蔥蔥的雨林地景變成了一個岩漿鍋爐，不斷滲出熔岩和有毒的氣體煙霧，加劇了溫室效應，導致海洋酸化，並且將臭氧層撕成碎片，破壞地球抵禦紫外線輻射的屏障。

大約五百萬年後，生命還沒有完全從這場災難中恢復過來，另一場災難又來了。事實證

137 岩漿熱柱與一般大陸漂移常見的碰撞和磨擦不同，它們來自地球的最深處，在地函與地核的交界處。局部溫度異常導致岩漿上升，直到遭遇地殼並將其融化為止。現今地球上有幾個顯著的特徵都是由岩漿熱柱造成的，例如冰島本島（岩漿熱柱剛好與海洋中央的擴張中心重合）和夏威夷島（岩漿熱柱正好出現在構造板塊的中心）。熱柱可以持續數百萬年，但並非始終處在活躍的狀態，也就是說，在移動的構造板塊下方的靜態熱柱可能形成一串年齡不斷增長的島嶼——就像縫紉機的針在移動的布匹上縫出一連串的縫線一樣。比方說，太平洋板塊一直在緩慢地向西北移動，穿過地函熱柱，形成一系列年齡不斷增加的島嶼，距離地函熱柱熱點越遠的島嶼就越古老。也就是說，位於火山島鏈東南端的夏威夷大島（Big Island）就正好橫跨在熱柱上方，火山活動依然活躍，而西北部島嶼上的火山，如茂伊島（Maui）和歐胡島（Oahu），就已經是休火山或死火山了；愈往西北方前進，那裡的島嶼就變得愈小，也受到愈多的侵蝕，最終只剩下小小的環礁，例如位於島鏈末端的萊桑島（Laysan）和中途島（Midway）。這些末端的島嶼也曾經像夏威夷島那麼人、那麼壯觀，但是移動的板塊在遇到熱柱之後繼續向前走，任憑氣候與時間侵蝕它移動所留下來的證據。隨著板塊持續向西北方向漂移，大島也會逐漸受到侵蝕，火山活動會集中在不斷上升的羅希海底山（Lo'ihi seamount），這座海底山脈位於大島東南岸外，海平面下方約九百七十五公尺處。

明，中國的岩漿熱柱只是開胃小菜，主菜則是更大的岩漿熱柱，從地球深處冒出來，刺穿了現在西伯利亞西部的地球表面。

地表崩裂，熔岩從無數縫隙中滲出來，最後鋪成了一塊厚達數千公尺的黑色玄武岩大地，面積大約是從現在美國東岸一直延伸到西岸洛磯山脈前緣的美國大陸。伴隨而來的火山灰、煙霧和氣體，幾乎殺死了地球上所有的生命，但也不是馬上斃命：這種有毒的折磨痛苦延續了五十萬年。

第一個邪惡的因素是二氧化碳，濃度高到足以產生溫室效應，使地球表面的平均溫度升高好幾度。已經極度缺氧並且在炙熱高溫下掙扎的盤古大陸，有一部分地區就變得完全無法居住。

這對特提斯洋邊緣的珊瑚礁形成了災難性的影響。構成珊瑚礁的珊瑚蟲呈果凍狀，而生活在珊瑚蟲體內的藻類喜愛陽光，而且對溫度非常敏感，只要海水溫度上升，他們就會拋棄自己的家園，任由珊瑚蟲自生自滅[138]。珊瑚白化、死亡，然後崩解。

數千萬年來，床板珊瑚（tabulate coral）與皺紋珊瑚（rugose coral）一直是珊瑚礁生態系統的支柱，但是由於海平面的變化，數量已經日漸減少，而西伯利亞事件更成為壓垮他們的最後一根稻草[139]。少了珊瑚，那些以珊瑚為棲地的生物宿主也跟著死亡了。

還不止如此。火山以強酸燒焦了天空。從火山冒出來的二氧化硫衝上雲霄，進入大氣之中，有助於微小顆粒的形成；而水蒸氣在這些顆粒周圍凝結成雲，將陽光反射回太空，進而冷卻了地球表面——雖然只是暫時性的——於是酷熱中夾雜著一陣陣刺骨的寒冷。然而，當雨水落在地面，二氧化硫就變成了一種酸，浸入土壤，剝奪了地面上的植物生命，並且將森林裡的樹木原地燒成黑色的樹樁。微量的鹽酸，甚至還有氫氟酸，都會加劇痛苦。而且在雨水沖刷掉鹽酸之前，就已經破壞了保護地球免於紫外線傷害的臭氧層。

在正常情況下，海洋中的浮游生物和陸地上的植物會吸收大部分二氧化碳。但植物生命已經面臨壓力，因此，二氧化碳並未被植物吸收，反而是被雨水沖走，進而加快了風化速度。少了植物來穩定土壤，風雨就將土石沖走，留下裸露的岩石。大海變成了一鍋渾濁的濃湯，不僅是因為沉積物，還有在陸地上慘遭大屠殺的生物——包括植物和動物——殘留的屍體，彷彿泡在湯裡的油煎麵包塊。腐敗細菌開始在生物屍體上發揮作用，耗盡了僅存的氧氣。有毒藻類必須消化很多東西才會開始腐敗，但是在此之前，他們就已經枯萎了。在水中冒泡的酸若是接觸到任何海洋生物，都會腐蝕並溶解他們的外殼。這些生物即使在黑暗、停滯的海水中倖存下來，他們賴以生存的礦石化骨骼也會變得又薄又脆弱，直到最後根本無法製造

138 這就是「珊瑚白化」現象，現在依然還看得到，是目前人氣中二氧化碳濃度增加所導致的後果。

139 現代的珊瑚礁全都是由另外一種石珊瑚組成的，他們是在三疊紀才演化出來的物種。皺紋珊瑚與床板珊瑚——還有他們的各種多樣化親屬以及他們支撐的多樣化體系——全都成了化石記憶。

外殼。

更慘的是，地函熱柱破壞了甲烷氣體沉積物的穩定。在此之前，這些甲烷氣體沉積物一直凍結在北冰洋下方的冰層中，但是這時候，氣體隨著雷鳴般的聲音嘶嘶地湧上海面，像泡沫般噴射到數百公尺高的大氣層中。甲烷是一種比二氧化碳更有力的溫室氣體，導致溫室效應螺旋式上升，整個世界沸騰了。

如果這還不夠，每隔幾千年的火山噴發就會向大氣中排放大量的汞蒸氣[140]，毒害任何尚未悶死、毒死、燒死、燙死、烤死、炸死或溶解而死的生物。

到最後，海洋裡每二十種動物中就有十九種慘遭滅絕，陸地上則是每十種動物中有七種以上滅亡。在這些死亡的動物中，有一些並沒有留下後代或近親。

舉例來說，最後一隻三葉蟲就在這次的滅絕死了。這些像藥丸一樣的蟲子從寒武紀早期以來就一直忙著在海底爬來爬去，或是在貼近海床的地方游泳；然而，到了二疊紀，有很長一段時間，他們的數量已經開始遞減，最後在二疊紀結束之前，終於謝幕下台，悄悄地離開這個世界。

同樣遭到滅絕的還有海蕾（blastoids），那是一群有莖的棘皮動物。在寒武紀和二疊紀之間，棘皮動物多達二十種，其中海蕾是倖存到最後的一種。我們現在還看得到的棘皮動物，都是我們耳熟能詳的物種，熟悉到讓海灘拾荒客都覺得他們的存在是理所當然的事情。其實，現存的棘皮動物只有五大類：海星、蛇尾、海參、海膽和海羽星[141]。

不過，這個數目很可能只有四大類，要不是一個海膽屬有兩個物種熬過了這場滅絕風暴，否則海膽也早就告別了我們的記憶。所幸這兩個倖存的物種很爭氣，不但堅持下來，還不斷演化出多樣性，形成了現今還存活的各式各樣的海膽。儘管現代海膽非常多樣化，從球形的紫海膽到幾乎扁平的沙錢（sand dollar），有各種不同的物種，但古生代的海膽種類還是更多。然而，所有現代海膽都來自有限的基因庫，這是在大災難中倖存下來的少數物種所遺留下來的財產。要不是這些目擊了生命物種大毀滅的少數海膽如此的堅忍不拔，現代海岸上就完全看不到海膽了，對我們來說，海膽也就會像海蕾一樣的遙遠而怪異[142]。

幾乎所有的貝類都滅亡了，無論是被強酸燒死，或是在無氧的海洋中淹死腐爛。只有極

---

140 詳見 Grasby *et al.*, 'Toxic mercury pulses into late Permian terrestrial and marine environments', *Geology* doi.org/10.1130/G47295.1, 2020。

141 海羽星（feather stars）是一種可以獨立生存的海百合（sea lilies），屬於海百合綱（crinoids），現在主要都在深海才能看到。

142 Erwin 曾經說過海膽最後一個屬 *Miocidaris* 的故事，詳見 'The Permo-Triassic Extinction', *Nature* **367**, 231–236, 1994。

少數物種倖存下來，其中之一就是克氏蛤（*Claraia*）——那是一種雙殼貝，外形像是扇貝。回到二疊紀，在此之前，在海洋中稱王的是一種叫做腕足動物的生物。他們表面上看起來像是雙殼類的軟體動物，因為他們的身體很柔軟，包裹在兩個殼之中，就像雙手合十祈禱一樣，並且從水中篩出碎屑維生。二疊紀末期的大滅絕打破了平衡。幾乎所有的腕足動物都滅絕了，在現代海洋生態系中，他們都只扮演著非常次要的角色。從中獲利的則是克氏蛤及其後代，這也說明了為什麼今天的海岸上散落著鳥蛤和貽貝（還有扇貝）等雙殼動物，而腕足動物通常都只能在化石中發現。二疊紀末期的大滅絕對一直延續到現今仍然存活的生命形態，產生了持久的影響。

在陸地上，一代又一代兩棲動物和爬蟲類動物的生命全都一掃而空；一大批體型笨重、長了角、渾身疣的鋸齒龍屬動物也全都消失；同樣的，長了背帆的盤龍目動物也未能在二疊紀的大滅絕中倖存，他們的多數近親——獸孔目動物——也沒能逃過滅絕的厄運；在二疊紀平原上靠著啃食問荊與蕨類植物的大量二齒獸屬動物幾乎全都滅亡，還有那些長了劍齒、在後面追捕他們的麗齒獸也是一樣。

兩棲動物幾乎完全被趕回他們最初出現的水域，也就是回到了泥盆紀。所有那些習慣了陸地生活、變得更像爬蟲類的生物全都滅絕了。而在石炭紀早期，從這個生物種群演化出來的羊膜動物的祖先，雖然讓陸地生活變成一個更可行的選項，卻也沒有一個存活至今。

在中國仍然半掩的地獄之門，到了西伯利亞卻完全洞開，幾乎把所有的生命都吸入無底深淵。大地變成了一片荒蕪、寂靜無聲的沙漠；幾乎沒有任何植物生命依附在這個瀕臨死亡的行星殘骸上。海洋幾乎死了，珊瑚礁消失了，海底覆蓋著一層惡臭的黏液，生命似乎反彈回到了前寒武紀的光景。

但生命終將回歸。到了那個時候，又將是世界上迄今為止最豐富多彩、最熱鬧的生命狂歡節。

# 06

# 三疊紀公園

二疊紀結束時的大災難，經過了數千萬年才慢慢復原。原本在海陸都生氣蓬勃的那個世界，此時變得相對荒蕪；不過，對其他生物來說，卻是成熟的時機，如全然非凡的水龍獸（*Lystrosaurus*）。

水龍獸的體型像豬，對食物的品味卻像黃金獵犬般永不妥協，還有一顆像是電動開罐器的頭，整體而言，這種生物就像是爆炸現場留下來的一堆雜草。水龍獸屬於二齒獸類，是獸孔目的一員；獸孔目動物的族群龐大、種類眾多，曾經在二疊紀主宰過這片大地。遇到危險時會挖地洞逃逸的習慣，可能讓他們在奪走大部分同類生命的大災難中，僥倖逃過一劫。

這種動物之所以能夠成功出線，仰賴於他們什麼地方都可以去、什麼東西都可以吃的態度。他們的頭骨寬度大於長度，巨大的咀嚼肌驅動著除了鋒利的角質喙之外已經喪失所有牙齒的下顎；至於上顎也已退化成刀片，除了一對犬齒變長長成獠牙，位於扁平臉龐的兩側。強而有力的頭部就像反鏟挖土機一樣，不停地挖掘、刮削、割斷並鏟起他們能夠找到的任何東西，送進不斷反芻的胃裡。

在大滅絕之後的好幾百萬年間，陸地上的生命幾乎就只有水龍獸一種，他們成群結隊地棲息在盤古大陸的各個角落，不論是在乾燥炎熱的沙漠——那個時期的典型地形與氣候——或是偶爾出現的林地或濕地，都同樣的快活自在。當然還是有其他的動物存在，只不過九成都是水龍獸：我們可以說，在地球上曾經存活過的動物之中，他們是最成功的陸生脊椎動物。

那麼，除了水龍獸之外，還有哪些生物倖存下來呢？更偏向陸地生活的兩棲動物，如闊齒龍屬和引螈屬的動物，都未能存活。三疊紀的兩棲動物是水生的，他們的習性與外觀都接近鱷魚；然而，其中有一些體型非常大，而少數體型較大的一直存活到白堊紀中期，成為一個消失年代的古老遺跡，直到最後終於完全滅絕為止。最後得獎的是，體型較小的物種。地球上的第一隻青蛙——原蟾（*Triadobatrachus*，又名三疊尾蛙）——在三疊紀演化出來了。

水龍獸的足跡雖然偏布全球，但是在盤古大陸的北部和南部地區，特別是在三疊紀的最早期，並不是那麼常見。三疊紀早期的南北兩極地區雖然比油鍋般炙熱的赤道地區涼爽，但是夾在水域之間的陸地卻是一片乾旱不毛之地，仍然是大型兩棲動物的天下。

在三疊紀時期，爬蟲類的後裔是從那些在水龍獸腳下竄來竄去（或是躲進洞穴裡）勉強度過大滅絕的少數小型生物所繁衍下來的。一旦進入三疊紀，他們就快速地多樣化發展，形成一系列令人眼花撩亂的形態，強力反擊了那些幾乎摧毀一切，讓所有生命都無法復原的事件[143]。這些新生的爬蟲類動物，有很多都進入水裡。

除了青蛙之外，烏龜也是在三疊紀首次演化出來的動物群，同樣在水中實現了多樣化。儘管三疊紀的原顎龜（*Proganochelys*）看起來像現代的陸龜，身體上下都有一個完全成形的殼，但是在三疊紀的其他龜類則不一樣，像半甲齒龜（*Odontochelys*）就只有在腹部有完全成形的殼（腹甲），至於背部則只有由寬肋骨組成的部分甲殼[144]；水龜大小的羅氏祖龜（*Pappochelys*）則不論腹甲或背甲都沒有完全成形[145]；還有一種身長可達一公尺的始喙龜（*Eorhynchochelys*）既沒有腹甲，也沒有背甲，反而結合了非常不像烏龜的長尾巴和非常像烏龜的嘴[146]。三疊紀是烏龜、準烏龜，甚至假烏龜的黃金時代，在此期間，他們發展出各種不同的外形與生活方式。

有一種外表跟烏龜相似的盾齒龍（placodonts）[147]，是行動緩慢的海洋爬蟲類動物，身體厚實，通常有甲殼，還有墓碑狀的牙齒，專門用來咬碎軟體動物的殼。當盾齒龍在軟泥中挖掘貝類時，其他爬蟲類動物——如幻龍（nothosaurs）和非常相似的海龍（thalattosaurs）與腫肋龍（pachypleurosaurs）——則在波光粼粼的海面上巡游，找尋魚類。這些生物都長得又瘦又高，脖子和尾巴很長，四肢可以充當划水的鰭。幻龍跟蛇頸龍（plesiosaurs）有親屬關係，只不過後者的體型通常較大，水生程度較高，也演化得比較晚。然而，無論是幻龍、腫肋龍或海龍，全跟盾齒龍一樣，都在三疊紀生存和滅亡。

長頸龍（*Tanystropheus*）在淺灘上徘徊，並潛入水中捕魚，這種生物的身長六公尺，而且脖子的長度相當於身體和尾巴長度的總合，甚或更長。更奇怪的是，他的脖子非常僵硬，只有十幾塊極長的椎骨組成。在三疊紀各類奇形怪狀的爬蟲類動物之中，長頸龍堪稱怪中之怪。

當然，還有鐮龍（drepanosaurs）。

鐮龍看似不像真實存在的生物，大部分的時間都在水面上方逗留，利用適於抓握的尾巴懸吊起來，每一條尾巴的末端都有一個堅硬的爪子，可以充當抓鉤。他們就這樣漂浮著，用

---

143 在三疊紀末期才演化出來的恐龍，在任何有關史前生命的討論中總是名列前茅。這實在很可惜，因為從我們的角度來看，生活在三疊紀的各種爬蟲類動物，除了體型比不上恐龍之外，不論是多樣性或怪異的程度，都可以跟恐龍相提並論。從有關恐龍的書籍多如牛毛，而有關三疊紀的書籍卻寥寥可數的現象，就可見一斑。因此我要特別推薦你們去看Nicholas Fraser寫的一本精彩絕倫的專書，裡面還有Douglas Henderson畫的插圖；這本書的書名原本是《三疊紀的生命》（*Life In The Triassic*），但是為了吸引讀者，只好淪為副標題，而將書名改為《恐龍崛起之前》（*Dawn of the Dinosaurs*, Bloomington: Indiana University Press, 2006）。這本書現在不好買了，我手上的這本是二手書。佛羅里達州皮內拉斯公園市的公共圖書館裡已經找不到這本書，不過我猜館內書架上仍然擺滿了關於恐龍的書籍。

144 詳見Li *et al.*, 'An ancestral turtle from the Late Triassic of southwestern China,' *Nature* **456**, 497–501, 2008，Reisz and Head, 'Turtle origins out to sea,' *Nature* **456**, 450–451, 2008。

145 詳見R. Schoch and H-D. Sues, 'A Middle Triassic stem-turtle and the evolution of the turtle body plan,' *Nature* **523**, 584–587, 2015。最近的重新評估提出了新的觀點，認為羅氏祖龜是陸生的穴居動物，而不是水生動物；詳見Schoch *et al.*, 'Microanatomy of the stem-turtle *Pappochelys rosinae* indicates a predominantly fossorial mode of life and clarifies early steps in the evolution of the shell,' *Scientific Reports* **9**, 10430, 2019。

146 詳見Li *et al.*, 'A Triassic stem turtle with an edentulous beak,' *Nature* **560**, 476–479, 2018。

147 詳見Neenan *et al.*, 'European origin of placodont marine reptiles and the evolution of crushing dentition in Placodontia,' *Nature Communications* **4**, 1621, 2013。

前肢手指上的鉤狀爪子划水捕魚，最後再用像鳥類一樣的長喙刺穿魚身，吞進肚子裡[148]。

同樣生活在三疊紀海洋裡的生物還有湖北鱷（hupehsuchids）[149]，這是一小群水生爬蟲類動物，有短小而呈鰭狀的四肢，還有像是喙狀的長口鼻。這些奇怪的生物都跟水生爬蟲類動物的巔峰物種——魚龍（ichthyosaurs）——有或深或淺的親屬關係。這些同樣出現在三疊紀的動物，外表看起來像海豚，一生都在海裡生活，並像鯨一樣生下幼崽，有些體型也能長到跟鯨相當的大小。例如，三疊紀的秀尼魚龍（*Shonisaurus*）[150]可以長到二十一公尺長，不僅是最大的魚龍，也是已知最大的海洋爬蟲類動物。儘管魚龍一直存活到白堊紀晚期，但是都比不上他們在三疊紀的鼎盛時期。

⸸

在陸地上，二疊紀時期那些體型碩大、長了角、渾身疣的鋸齒龍看似已經消失，但是事實並非如此，因為還有體型小了很多、血緣關係略嫌稍遠的表親突嘴龍（procolophonids）。這些體型小、矮胖又多刺的生物有寬闊的頭骨，裡面長滿了適合碾磨植物或昆蟲的牙齒。多虧了這種或是更多不起眼卻勤奮的生物，才在三疊紀造就了完整的林下蕨類與蘇鐵灌木叢。只要撥開一片葉子，就會看到有一、兩隻甚或更多的這一類生物竄逃消失在陰影中。在三疊紀，突嘴龍無所不在——但是到了三疊紀末期，卻全都消失無蹤。

然而，在那個時候，他們可能很容易被誤認為是同樣多刺而類似蜥蜴的蝶齒龍（sphenodontians）。蝶齒龍跟突嘴龍一樣，也是無所不在，可是，跟突嘴龍不同的是，蝶齒龍倖存下來，而且一直存活到今天——雖然只是勉強活著。目前唯一倖存的蝶齒龍是喙頭蜥（tuatara），他們的棲地只局限在紐西蘭附近的幾個小島，其系譜可以追溯到將近兩億五千萬年前，是這個家族中碩果僅存的成員。

與蝶齒龍同時期的，還有最早期的真正有鱗目動物——即現代蜥蜴與蛇的祖先——他們也起源於三疊紀，以巨掌蜥（*Megachirella*）的形式出現[151]。許多小型的早期爬蟲類動物外形都看似蜥蜴，但是只有巨掌蜥才是真正的蜥蜴。

蜥蜴跟石炭紀的小型兩棲動物一樣，都傾向在演化中失去四肢。這種情況在蜥蜴的演

148 如果你認為這是我編造出來的，那只能說你對了一半。因為鐮龍的解剖結構怪異到無法形容。他們曾經被譽為擅長游泳，而且因為尾巴可抓握，所以也擅長爬樹、挖洞穴居——另外，他們的頭骨又很神奇地類似鳥類，是鳥類的早期親戚。

149 請參閱：Chen *et al.*, 'A small short-necked hupehsuchian from the Lower Triassic of Hubei Province, China,' *PLoS ONE* **9**, e115244, 2014。

150 詳見 E. L. Nicholls and M. Manabe, 'Giant ichthyosaurs of the Triassic – a new species of Shonisaurus from the Pardonet Formation (Norian: Late Triassic) of British Columbia', *Journal of Vertebrate Paleontology* **24**, 838–849, 2004。

151 詳見 Simões *et al.*, 'The origin of squamates revealed by a Middle Triassic lizard from the Italian Alps', *Nature* **557**, 706–709, 2018。

化過程中發生過很多次，而這個趨勢的最高潮就是蛇的出現，不過那是未來的事情，要等到侏羅紀時期盤古大陸的分裂，才促成了蜥蜴和蛇的演化繁榮[152]。蛇倒也不是一下子就失去了四肢——有些早期的形態仍保有後肢。例如，在白堊紀，曾經在特提斯洋南岸現蹤的厚棘蛇（*Pachyrhachis*）就有已經退化的細小後肢[153]。另外還有一種拿轄蛇（*Najash*）則保有強壯的後肢，附著在薦骨上，具有完備功能，並且在陸地上生活[154]。因此，當蛇類一旦演化出來，就有多樣性的發展，有些在陸地上穴居，有些則在水裡游泳。

水龍獸——以及其他存活到三疊紀末期的一、兩種較為稀有的二齒獸——持續演進和多樣化發展，產生了一系列類似但是體型卻大得多的動物，例如大小跟牛一樣的肯氏獸（*Kannemeyeria*）。這些生物與喙頭龍（rhynchosaurs）一起在平原上漫步，外形看起來很像二齒獸，有豐滿的身體和喙狀的口鼻部，但是在血緣上卻更接近三疊紀的統治者——主龍（archosaurs），或者說是爬蟲類動物的主宰。

早期的主龍並非全是小型動物，其中一種最早的主龍——引鱷（*Erythrosuchus*）——體型就大的驚人，是一種身長達五公尺的怪物，以捕獵水龍獸為生，幾乎把水龍獸當成移動式的食物儲藏室。

今天，主龍由兩種截然不同的動物代表——鱷魚和鳥類。鳥類在三疊紀尚未出現，但是卻有一系列令人眼花撩亂的動物，看起來或多或少都像是鱷魚。

其中血緣最最接近的或許是植龍（phytosaurs），他們很容易被誤認為是鱷魚，唯一的差別就是鼻孔往往位於頭頂而不是末端，這讓他們可以輕鬆地在水裡游泳，只有最少的部位暴露在水面上。植龍是肉食動物，或者毋寧說是食魚動物。而他們的近親堅蜥（aetosaurs）則是素食主義者，用尖刺和盔甲殼保護自己，算是預告了在一億年後演化出來的甲龍（ankylosaurs）。

152 詳見 Caldwell *et al.*, 'The oldest known snakes from the Middle Jurassic-Lower Cretaceous provide insights on snake evolution', *Nature Communications* **6**, 5996, 2015。

153 詳見 M. W. Caldwell and M. S. Y. Lee, 'A snake with legs from the marine Cretaceous of the Middle East', *Nature* **386**, 705–709, 1997。

154 詳見 S. Apesteguía and H. Zaher, 'A Cretaceous terrestrial snake with robust hindlimbs and a sacrum', *Nature* **440**, 1037–1040, 2006。

堅蜥應該會害怕令人望而生畏的勞氏鱷（rauisuchians）。這是一種四足掠食動物，體長可達六公尺，頭骨深而有力，看起來神似暴龍這一類大型食肉恐龍的頭骨。儘管許多鱷魚是趴在地上的，但是他們也能夠採取一種名為「高位行走」的步態，利用四肢將身體撐起來走路，這對陸生動物來說，能量使用效率更高。勞氏鱷和他們的許多主龍親戚都是這樣走路的。不過，也還是有一些主龍是兩足動物，至少在某些時期是如此。

在海裡、在陸地，甚至在空中，二疊紀與三疊紀見證了脊椎動物寫下一些飛行的篇章。他們熱衷於追捕那些可以追溯到石炭紀時期的昆蟲，而且這些昆蟲到了三疊紀也有多樣性的演化，形成了一系列不尋常的形式。各種爬蟲類動物在二疊紀與三疊紀森林中滑翔追逐蜻蜓，例如像克諾龍（*Kuehnosaurus*）之類的生物，其外表與行為都很像現今仍然存活的滑翔蜥蜴——飛蜥（*Draco*）；而另一種更典型的三疊紀形式則是沙洛維龍（*Sharovipteryx*）——其長相之奇特，堪稱前無古人，後無來者——他們的後肢極長，並且會利用在後肢之間展開的皮膚形成薄膜，在樹間滑翔。

然而，一直到三疊紀時期，脊椎動物才真正開始飛行，而不只是簡單地從一棵樹滑翔到另一棵樹。這些飛行專家是翼龍（pterosaurs），也一度被稱為翼手龍（pterodactyls），他們是一種主龍，也是恐龍的近親[155]，翅膀是由肌肉和皮膚組成的彈性薄膜，在雙手與身體之間伸展開來，連接在一根巨大而細長的無名指（第四根手指）上。「翼手龍」這個字的意思就是「有翅膀的指頭」。最早的翼龍體型小又靈活，很像蝙蝠；而且，他們也像蝙蝠一樣是毛茸茸的。

隨著翼龍的演化，他們不斷成長，直到白堊紀末期出現的最後一種翼龍，體型已經像小型飛機一樣大，幾乎無法搧動翅膀。由於他們的骨架輕盈，又有巨大的翅膀，所以在起飛時只需要對著微風展開翅膀，物理學的原理就會讓他們飛起來。他們的成功得利於精巧的結構，骨骼演化成堅硬的箱形機身，由中空的骨頭製成，幾乎像紙一樣薄。最大的翼龍可以在靜止的空氣中，乘著上升的熱氣流翱翔。這些有生命的滑翔機可以利用熱氣流中最狹窄的排氣管急轉彎——有些排氣管甚至比他們的翼展還要窄——愈飛愈高，一直飛到高空，這才脫離熱

155 恐龍與翼龍的共同祖先很可能是一種小型動物，這可以解釋這兩個群體的演化都傾向於溫血和長羽毛的發展。參見 Kammerer *et al.*, 'A tiny ornithodiran archosaur from the Triassic of Madagascar and the role of miniaturization in dinosaur and pterosaur ancestry', *Proceedings of the National Academy of Sciences of the United States of America* doi.org/10.1073/pnas.1916631117, 2020。然而，要找到翼龍系譜的根源卻是挑戰重重。最早的翼龍出現在完全形成的化石紀錄中，不過，有關其祖先的線索卻是來自發現了一種名為兔蜥龍（lagerpetids）的小型雙足主龍。這些生物顯然不會飛，但他們的大腦與手腕解剖結構細節與翼龍完全相同，這說明了兔蜥龍跟翼龍的血緣關係，比跟其他動物要更密切。參見 Ezcurra *et al.*, 'Enigmatic dinosaur precursors bridge the gap to the origin of Pterosauria', *Nature* **588**, 445–449, 2020；K. Padian, 'Closest relatives found for pterosaurs, the first flying vertebrates', *Nature* **588**, 400–401, 2020。

氣流並且向下滑翔，以便捕捉另一道熱氣流[156]。如此一來，他們幾乎可以毫不費力地飛行很遠的距離。像無齒翼龍（*Pteranodon*）這樣的巨型翼龍，可以在盤古大陸分裂時出現的海洋中巡航，在年輕且裂解的大陸之間翱翔。

只有真正的大型翼龍，如無齒翼龍、巨大的風神翼龍（*Quetzalcoatlus*），以及據稱還要更大的阿氏翼龍（*Arambourgiana*），才能以這種方式翱翔，因為再大的力量都無法揮動如此巨大的翅膀而不會一蹶不振。翼龍沒有鳥類那種像是龍骨一樣的胸骨來固定他們強而有力的飛行肌肉（也就是餐桌上鳥類的胸肌）。只有小型翼龍的翅膀夠小，可以像蝙蝠一樣拍動[157]。事實上，最後一種也是最大型的翼龍根本不太會飛，而是像一個巨型帳篷一樣笨重地在地面上移動，而他們巨大的頭部還可以跟長頸鹿對上眼呢。

盤古大陸的分裂對於蛇和蜥蜴來說是個機會，但是對於利用高空氣流在空中飛行的翼龍來說，卻是毀滅的開始。侏羅紀與白堊紀期間的大陸漂移，造成了多變的暴風雨氣候，與三疊紀較均勻的氣溫截然不同。儘管盤古大陸的氣候經常充滿了挑戰性，但在季風季節之外，風還是相當微弱的。兩極沒有冰層，海洋可以自由地將熱量循環到所有緯度，這意味著兩極和赤道之間的溫度梯度非常淺。然而，當氣候變得微風徐徐時，這些巨大而精緻的生物風箏就會被猛烈地拋擲，像許多折斷的雨傘一樣墜落地面，並在撞擊時粉身碎骨。

在爬蟲類動物崛起的騷動中，有一些——只有極少數——非二齒獸屬的獸孔目動物存活下來。在三疊紀初期，有一些體型像狗的犬齒獸動物，如犬頜獸（*Cynognathus*）、三尖叉齒獸（*Thrinaxodon*）等，填補了中小型肉食動物這種角色的空缺。隨著歲月流逝，這個系譜中的生物體型愈變愈小，身上的毛卻愈長愈多，在幾乎沒有人注意到的情況下，躲進了被忽略的角落，並且只在夜間活動，慢慢演化成哺乳動物。不過，他們上場的時間還沒到。

---

156 這些細節都出自一篇傑出的論文，由 C. D. Bramwell 和 G. R. Whitfield 所撰，篇名為 'Biomechanics of *Pteranodon*'，原本發表於一九八四年的 *Philosophical Transactions of the Royal Society of London B* **267**, http://doi.org/10.1098/rstb.1974.0007。一九八〇年代初，我在里茲大學唸書時，我的教授 Robert McNeill Alexander 給我設定了一個研究計畫，要我去圖書館找會飛的爬蟲類動物的相關資料。Alexander 是生物力學的權威——那是研究動物移動的科學——所以我的論文中都充斥著空氣動力學的詞彙：爬升、拖行、滑翔極線圖、斜坡滑翔、翼地效應。也是 Alexander 指點我去看 Bramwell 和 Whitfield 兩人的經典論文。

157 蝙蝠是現存哺乳類動物中唯一會飛行的一種——而且還不只是滑翔而已——他們也沒有像龍骨一樣的胸骨。

主龍大多是雙足動物，但是在三疊紀晚期，從勞氏鱷、喙頭龍和其他或多或少都長得有點像鱷魚的動物之中，演化出最早的恐龍。

恐龍和翼龍（「鳥系」主龍，與後來演化出鱷魚的系譜不同）的根源是一群名為匿龍（aphanosaurs）的三疊紀生物，如完臼龍（*Teleocrater*）——一種體型長而身材低矮的四足動物，看起來蠻像鱷魚，但脖子較長，頭部較小[158]。

看著像完臼龍這樣的動物，很難看得出在其系譜中有一個奇妙且重量級的命運值得期待，畢竟他們的主龍親屬都會滅亡。然而，他們的骨骼裡卻留存一條線索。跟許多其他主龍相比，匿龍的生長速度略快，而且稍微活躍一點，也更了解周遭的世界。

在血緣上與恐龍更接近的仍屬西里龍（silesaurs）。他們的身形比匿龍更苗條，也更優雅，有長尾巴和長脖子；但是仍然是四腳著地[159]。到了三疊紀末期，所有匿龍與西里龍都消失了。然而，他們的近親恐龍卻以兩腳站立，展開了新的生活方式，不只是偶爾站起來而已，而是整個解剖結構都因應兩腳站立而生。他們很快就接管了地球。

恐龍在岡瓦納大陸溫暖而潮濕的內陸悄悄地誕生，遠離特提斯洋飽受暴風雨摧殘的海岸，也遠離大陸兩側沙漠的異常炎熱天候。雖然他們已經展開多樣化的發展，後來演化成歷史上比較為人熟悉的肉食性獸腳類恐龍和草食性蜥腳類恐龍，不過在三疊紀時期各種二齒獸、喙龍、勞氏鱷、堅蜥、植龍和其他巨型兩棲動物的盡情狂歡之中，恐龍只是一個相對較小的配角。

但是，隨著一些較大型的草食動物——二齒獸和喙頭龍——開始走下坡，草食性恐龍就取代了他們的位置。此外，恐龍也遷徙到了更北部的地區，最終來到了原本不得其門而入的赤道附近的沙漠。即便在那個時候，他們在鱷魚系譜的主龍大戲中仍然只是配角。像腔骨龍（*Coelophysis*）和始盜龍（*Eoraptor*）[160]這些獸腳類恐龍的體型都很小，也都是投機取巧的機會主義者，與侏羅紀和白堊紀的怪物相去甚遠。主宰陸地的仍然是勞氏鱷，在河流與湖泊中發號司令的則是巨型的兩棲動物，至於在海裡，則是由大量的其他爬蟲類動物主導一切。蜥腳類恐龍和他們的近親，例如板龍（*Plateosaurus*），體型雖然很大，但也不像是他們後來演變成的腕龍（*Brachiosaurus*）或梁龍（*Diplodocus*）那樣招搖的龐然大物，彷彿是在陸地上行走的鯨。到了三疊紀末期，沒有明顯跡象顯示恐龍的命運會比任何其他爬蟲類動物更有利。恐龍在三疊紀爬蟲類動物的群體中，占據了中間位置，就在明星獨奏家的後面，這一占就是三千萬年。

158 詳見 S. J. Nesbit *et al.*, 'The earliest bird-line archosaurs and the assembly of the dinosaur body plan', *Nature* **544**, 484–487, 2017。

159 最早的西里龍是三疊紀中期在坦尚尼亞出現的阿西利龍（*Asilisaurus*）。參見 Nesbitt *et al.*, 'Ecologically distinct dinosaurian sister group shows early diversification of Ornithodira', *Nature* **464**, 95–98, 2010。

160 詳見 Sereno *et al.*, 'Primitive dinosaur skeleton from Argentina and the early evolution of Dinosauria', *Nature* **361**, 64–66, 1993。

然而，在這一切變動之下，地球一如既往地在持續移動。數億年前由羅迪尼亞大陸碎片集結而成的盤古大陸，本身也開始分裂。

分裂的起始點是一個破綻，也就是地殼上的一條裂縫，其他類似的戲碼也都在這裡上演。早在盤古大陸之前，這條裂縫就已經存在。與北美洲東海岸平行的阿帕拉契山脈，在四億八千萬年前的奧陶紀由兩個大陸板塊碰撞形成，就是從這條裂縫擠壓出來的，也擠掉了早期的海洋。

到了三疊紀晚期，地殼又開始或多或少沿著同一條縫隙分裂，形成了一個新的海洋——大西洋。一條大裂谷也形成了，從南部的卡羅來納州一直延伸到北部的芬迪灣，成了地球上一條不斷擴大的裂縫。隨著裂縫的擴大，兩側的沉積物都掉入裂縫之中，拼湊成不斷變化的河流與湖泊，裡面充滿了生機，但是火山卻在四處都隱約可見。

地殼不斷地拉扯延伸，逐漸變薄，到最後，薄到連潛伏在地殼底下的怪物都可以竄出來。大約兩億一百萬年前，一團岩漿噴發到地表，讓北美東部和當時鄰近的北非地區都覆蓋在玄武岩下，並釋放出二氧化碳、火山灰、煙霧和現在大家都熟悉的有毒氣體混合物。已經很高的全球氣溫，現在又飆升至對生命更加不利的高峰，彷彿地球不甘於在五千萬年前未能消滅所有生命，於是捲土重來，再試一次。

這一次的危機持續了六十萬年。

最後，海水湧入裂谷，成了大西洋的前身。但是許多原本可以衝出新生海洋的動物已經不復存在：海龍、腫肋龍、幻龍、湖北鱷、盾齒龍等都已經消失。魚龍和蛇頸龍——幻龍的後裔——倒是倖存下來。在陸地上，二齒獸、突嘴龍、勞氏鱷、喙頭龍、西里龍，還有奇特的沙洛維龍、長頸龍、鐮龍等——也全都慘遭滅絕。偉大的三疊紀馬戲團走了，只留下一群衣衫襤褸的倖存者。

類似鱷魚的各類物種，也減少到只剩下一個系譜，後來演化出我們今天看到的鱷魚。大型的兩棲動物也勉強倖存，另外存活下來的還有翼龍，極少數的哺乳動物及其類似哺乳動物的近親——屬於獸孔目的犬齒獸亞目——以及新出現的蝶齒龍、烏龜、青蛙、蜥蜴，當然還有恐龍。

在這麼多類似鱷魚的生物都慘遭滅絕之際，為什麼恐龍能夠倖存下來，這始終是一個謎。可能只是僥倖吧。總之，在三疊紀之後，水龍獸贏得了生命的頭彩，但是現在卻輪到恐龍崛起，並且多樣化的演進，填補已然開啟的全新世界。

# 07

# 會飛的恐龍

恐龍本來就是為了飛行而生的。從一開始，他們就堅持以雙腳行走；相較於其他更像鱷魚的親戚，他們更堅持站起來走路[161]。

大部分習慣用四足行走的生物，其重心都放在胸部區域，需要很大的能量才能靠後肢將身體抬起來，讓他們很難長時間舒適地站立。相形之下，恐龍的重心位於臀部上方，臀部前面相對較短的身體與後面長而僵直的尾巴相互平衡。恐龍以臀部為支點，可以毫不費力地用後肢站立。大多數羊膜動物的四肢都是粗短精壯，但是恐龍不一樣，他們的後肢長得又細又長，而且愈往末端愈細，這樣腿可以更容易移動，也就跑得更快。至於不再需要用來奔跑的前肢則退化縮小，可以自由地進行其他活動，例如抓取獵物或攀爬。

恐龍的體態像是一根長槓桿，用長腿保持平衡，同時還有一個協調系統，不斷監控自己的姿勢。他們的大腦和神經系統像現存的任何動物一樣敏銳。這些都意味著恐龍不僅可以站立，還可以奔跑、昂首闊步、原地旋轉和急轉彎，而且姿態優雅自信，在地球上堪稱前所未見。這些都是他們成功的祕訣。

恐龍橫掃了眼前的一切。到了三疊紀末期，他們已經多樣化演進，填補了陸地上的每一個生態棲位，就像二疊紀的獸孔目動物一樣——只不過他們更完美而優雅。各種體型大小不一的肉食性恐龍捕食草食性恐龍維生，而後者為了防禦，只好讓自己長得超大，或者是穿上像坦克車一樣的厚重盔甲。至於蜥腳類恐龍則恢復以四足行走，並成為有史以來最大的陸地動物，其中一些體長超過五十公尺，有些阿根廷龍（*Argentinosaurus*）[162]的體重甚至超過七十噸。

即便如此，他們還是無法完全逃脫遭到捕食的命運。總有一些巨型的肉食動物會捕獵他們，例如：鯊齒龍（*Carcharodontosaurus*）和南方巨獸龍（*Giganotosaurus*）[163]之類的陸地鯊魚，還有到了恐龍時代最末期達到顛峰的暴龍（*Tyrannosaurus rex*）。

在這個單一生物中，恐龍獨特結構的潛力發揮到極致。這個重達五噸的怪物，後肢是由肌腱和肌肉組成的雙柱，是他們祖先用速度和優雅換來了驚人的力量與幾乎無人可擋的勢力[164]。他們的身體相對較短，由長尾巴支撐在強大的臀部上保持平衡，前肢退化到只剩下一點點，質量集中在強大的頸部肌肉和深顎，下顎長滿了牙齒，每顆牙齒的大小、形狀和硬度都

161 從雙足行走到飛行的轉變，其中牽涉到生物力學，其詳細檢驗請參閱 Allen *et al.*, 'Linking the evolution of body shape and locomotor biomechanics in bird-line archosaurs', *Nature* **497**, 104–107, 2013。

162 詳見 J. F. Bonaparte and R. A. Coria, 'Un nuevo y gigantesco sauropodo titanosaurio de la Formacion Rio Limay (Albiano-Cenomaniano) de la Provincio del Neuquen, Argentina', *Ameghiniana* **30**, 271–282, 1993。

163 詳見 R. A. Coria and L. Salgado, 'A new giant carnivorous dinosaur from the Cretaceous of Patagonia', *Nature* **377**, 224–226, 1995。

164 即使只是緩行慢步，暴龍也還是需要令人難以置信的強大後肢——他腿部的伸肌必須佔用整個動物身體百分之九十九的質量——而且這個數字是指**每一條腿**，而不是兩條腿。參見 J. R. Hutchinson and M. Garcia, '*Tyrannosaurus* was not a fast runner', *Nature* **415**, 1018–1021, 2002。

像是一根香蕉──如果香蕉比鋼還硬的話──這些牙齒的力量足以咬碎骨頭[165]，能夠刺穿行動遲緩但是防禦嚴密、而且體型像巴士一樣大的草食動物的盔甲，例如甲龍和渾身長角的三角龍（*Triceratops*）。暴龍及其近親從獵物身上撕下血淋淋的肉塊，然後生吞活剝地吃下肚──包括肉、骨頭、盔甲等等[166]。

但是也有小型的恐龍，有些甚至小到可以在你的掌心跳舞。比方說，小盜龍（*Microraptor*）的體型只有烏鴉大小，重量不超過一公斤；另外還有外形奇特像蝙蝠的奇翼龍（*Yi*），學名跟體型都同樣短小，重量還不到前者的一半。

獸孔目動物的體型範圍可以大如大象，小到如小型㹴犬，但是恐龍已經超過了這些極端。恐龍是如何變得這麼大，又可以這麼小呢？

一切都要從他們的呼吸方式說起。

在羊膜動物的歷史深處，曾經發生過一次分裂。對哺乳動物來說──也就是最後倖存的獸孔目動物，三疊紀的返祖現象依然頑強地存在恐龍的陰影下──所謂通氣，就是吸氣和呼氣。客觀的說，這種將氧氣帶入體內並排出二氧化碳的方法效率很低。從口鼻吸入新鮮空氣並向下推進到肺部，再由肺部周圍的血管吸收氧氣，必須耗費很多能量，而且相同的血管必須將廢棄的二氧化碳排放到同一個空間，再由吸入新鮮空氣的相同孔洞排出這些二氧化碳，這就意味著很難立即清除所有污濁的空氣，或者經由一次吸氣就讓新鮮空氣填滿每一個角落與縫隙。

其他的羊膜動物——如恐龍、蜥蜴等——也透過相同的孔洞呼吸，但是在呼吸之間發生的情況卻截然不同。他們演化出一種單向空氣處理系統，讓呼吸變得更有效率。空氣進入肺部之後，並沒有立即再次排出，反而在單向氣閥的引導下，透過遍布全身的廣泛氣囊系統進行分流。儘管至今在一些蜥蜴體內仍能看到這種系統[167]，但是恐龍將其發揮到極致。空氣空間——最終是肺部的延伸——包圍著內臟，甚至穿透了骨頭[168]。恐龍體內充滿了空氣。

---

165 詳見 Erickson *et al.*, 'Bite-force estimation for *Tyrannosaurus rex* from tooth-marked bones', *Nature* **382**, 706–708, 1996；P. M. Gignac and G. M. Erickson, 'The biomechanics behind extreme osteophagy in *Tyrannosaurus rex*', *Scientific Reports* **7**, 2012, 2017。

166 在已經發現的巨型肉食性恐龍（最有可能是暴龍）的糞便化石或糞化石之中，其中一件長四十四公分，寬十三公分，深十六公分，重量超過七公斤，其中一半是骨頭碎片。請參見 Chin *et al.*, 'A king-sized theropod coprolite', *Nature* **393**, 680–682, 1998。

167 詳見 Schachner *et al.*, 'Unidirectional pulmonary airflow patterns in the savannah monitor lizard', *Nature* **506**, 367–370, 2014。

168 例證請參閱 P. O'Connor and L. Claessens, 'Basic avian pulmonary design and flow-through ventilation in non-avian theropod dinosaurs', *Nature* **436**, 253–256, 2005，文中說明了氣囊如何穿透瑪君顱龍（*Majungatholus atopus*）的長骨骼，那是一種生活在現今馬達加斯達島上的肉食性恐龍。

這個空氣處理系統既優雅又必要。恐龍擁有強大的神經系統與活躍的生活，需要獲取和消耗極大的能量，生命力很旺盛。運動量這麼大的活動需要最有效率的方式，將空氣輸送到極需氧氣的組織，這種能量轉換產生了大量的餘熱，而氣囊也是排放熱氣的好方法。這就是一些恐龍獲得巨大體型的祕密——他們是透過空氣冷卻的。

如果身體不斷長大卻仍然保持原來的形狀，那麼體積的增長速度將遠遠快於表面積的增長速度[169]。這意味著，隨著身體變大，內部體積會比外部面積多出更多。這時候，要獲取身體所需的足夠食物、水和氧氣，可能就成了問題——同樣的，要排出廢棄物以及消化食物，乃至於光是活著所產生的熱量，也是一大問題——因為相對於嗷嗷待哺的組織體積，可以用來吸收與排放的面積縮小了。

大多數生物都很小，所以這不成問題，但對於任何比標點符號大一點的東西，這就成了一大難題。首先，他們演化出專門的運輸系統——例如血管、肺等——來解決這個問題；其次，他們透過改變形狀，創造出延伸或迴旋系統充當散熱器，從盤龍的帆和大象的耳朵，乃至於到肺臟內部的複雜結構，除了散熱的重要功能之外，還可以交換氣體[170]。

當哺乳動物終於從恐龍統治的世界中解放出來，並且能夠長到比獾更大的時候，他們在生長過程中靠著甩掉毛髮和流汗來解決這個散熱問題。汗水將水分分泌到皮膚表面，當水分蒸發時，將液態的汗水轉化為蒸氣所需的能量由皮膚底下的微血管釋放出來，從而產生冷卻效果。而且從肺部呼氣也會流失熱量——這就是為什麼一些毛皮哺乳動物會喘氣，吐出濕潤的長舌頭，將多餘的熱氣蒸發到空氣中。巨犀（*Paraceratherium*）是最大的陸生哺乳動物，是犀牛的近親，體型高大、瘦長、無角，生活在大約三千萬年前，也就是恐龍消失了很久之後。他們的肩膀可以長到約四公尺，體重高達二十噸。

但是最大的恐龍卻比巨犀還要大更多。巨型蜥腳類恐龍——例如重七十噸、長三十公尺的阿根廷龍，是地球上曾經存活過的最大型陸生動物——其表面積與體積相比顯得微乎其微。即使是有形狀上的改變，例如延長脖子和尾巴，仍不足以散發其寬敞內部產生的所有熱量。

儘管蜥腳類恐龍的體型極大，但是根據生物界的經驗法則，大型動物的新陳代謝比小型動物緩慢，因此通常體溫也比較低。在陽光下讓這麼大的恐龍暖起來，需要很長、很長的時間，

---

169 假設有一塊方糖，每一邊的寬度都是一公分，那麼它的體積就是1×1×1＝1立方公分。一個立方體有六個面積相同的單面，所以一塊方糖的表面積就是6×1×1＝6平方公分，二者的比例是6：1。現在，假設方糖每一邊的寬度是兩公分，其體積就是2×2×2＝8立方公分，但是表面積卻成了6×2×2＝24平方公分，比例為24：8或3：1。簡單的說，立方體的單位尺寸加倍，表面積的增速大約只有體積增速的一半。

170 想一想：人類身體的外在面積大約在一．五到二平方公尺之間，但是人類肺部的表面積卻有五十至七十五平方公尺。

但是冷卻也需要同樣長的時間，所以一隻非常大的恐龍一旦變暖，光是因為體型很大，就可以保持相當恆定的體溫[171]。

然而，正是祖先遺留下來的特質拯救了恐龍，並讓他們長得這麼大。由於他們的肺部本來就很大，再延展成為遍布全身、縱橫交錯的氣囊系統，因此這些動物的體積並不像表面上看起來那麼龐然大物，骨骼中的氣囊也使骨架保持輕盈。最大型的恐龍骨骼是生物工程的一大勝利，骨骼簡化成一系列中空的承重支架，至於非承重部分則盡可能減到最少。

關鍵在於氣囊內部系統的作用不僅僅是傳導肺部的熱量，更直接從內臟器官吸收熱量，而不必先透過血液將熱量傳送到身體各處，然後再傳送到肺部，並在途中散發一些熱量，讓問題變得更複雜。其中的一大受益者就是肝臟，因為肝臟會產生大量的熱，而且大型恐龍的肝臟有汽車那麼大。恐龍體內的氣冷式運作比哺乳動物的水冷式運作效率更高[172]。這讓恐龍能夠變得比哺乳動物大得多，而不至於讓自己活活熱死。

與其說阿根廷龍是一種遲緩笨重的巨獸，還不如說他們是有四隻腳、步履輕盈、但是卻不會飛的……鳥。因為鳥類才是貨真價實的恐龍後裔，有同樣的輕質結構、同樣快速的新陳代謝和同樣的空氣冷卻系統。所有這些特質都非常有利於飛行，因為飛行是一項需要輕型機身的活動。

飛行也跟羽毛有關。在恐龍的歷史中，他們從很早期開始就有披著一身羽毛的特徵。起初的羽毛更像是毛髮，這是翼龍共有的特徵，早在三疊紀時期，他們就是第一批學會飛行的脊椎動物，也是恐龍的近親[173]。即使沒有飛行能力，披了一層羽毛也為產生大量體熱的小動物提供了必要的隔熱材料。活躍的小型恐龍所面臨的問題跟體型非常大的恐龍所面對的挑戰正好相反——就是必須阻止所有珍貴的體熱散發到環境中[174]。但是這種簡單的羽毛很快就發展出

---

171 這個現象名為巨溫性（gigantothermy），已被用來解釋為什麼顯然是大型的冷血動物，例如體重可能超過九百公斤的棱皮龜，即使在寒冷的海洋中游泳時也能保持溫暖。請參閱 Paladino *et al.*, ‘Metabolism of leatherback turtles, gigantothermy, and thermoregulation of dinosaurs’, *Nature* **344**, 858–860, 1990。

172 關於這個主題的深度探討，請參閱 Sander *et al.*, ‘Biology of the sauropod dinosaurs: the evolution of gigantism’, *Biological Reviews of the Cambridge Philosophical Society* **86**, 117–155, 2011。

173 翼龍身上毛茸茸的皮毛實際上也可能是各種類型的羽毛。請參閱 Yang *et al.*, ‘Pterosaur integumentary structures with complex feather-like branching’, *Nature Ecology & Evolution* **3**, 24–30, 2019。

174 如果不是羽毛，就是毛髮，又或者——如果是在海裡過著流線型的生活——是鯨脂。海洋哺乳動物，如鯨和海豹等，都有一層厚厚的鯨脂，既可以為身體核心隔熱，又有符合空氣動力學的形狀，進而消弭體內任何隆起的腫塊。魚龍——一種已經滅絕的海洋爬蟲類動物——看起來很像現代的海豚，如今也證實他們體內有鯨脂，大概是出於同樣的原因。請參閱 Lindgren *et al.*, ‘Soft-tissue evidence for homeothermy and crypsis in a Jurassic ichthyosaur’, *Nature* **564**, 359–365, 2018。

了羽片、羽支和各種顏色[175]。像恐龍這樣聰明而活躍的動物會有繁忙的社交生活，其中社交展示就扮演了很重要的角色。

恐龍成功的另一個關鍵是產卵。儘管脊椎動物通常都會產卵——這個習慣讓最早的羊膜動物得以征服陸地——但是許多脊椎動物已經恢復到最早期有頜脊椎動物的習慣，也就是生下幼崽。問題的關鍵在於找到一種保護後代的策略，同時又不至於為父母親帶來太高的成本。最早，哺乳動物也是從卵生開始的，但是後來幾乎全都變成了胎生，不過卻付出了慘痛的代價。胎生需要消耗大量能量，這限制了哺乳動物在陸地上所能達到的體型[176]，也限制了他們一次可以繁殖的後代數量[177]。

然而，卻沒有任何恐龍以這種方式養育後代。所有恐龍都會產卵——所有的主龍也是如此。身為聰明、活躍的生物，恐龍透過在巢中孵蛋，並在孵化後照顧幼崽的方式，最大限度地提高後代的存活機率。許多恐龍，特別是像蜥腳類恐龍這樣群居的草食性動物，以及體型更小、更接近兩足動物的鴨嘴龍（hadrosaurs）——他們在白堊紀幾乎取代了蜥腳類恐龍——都在共同的群棲地築巢，這些棲地主宰了整片陸地，從地平線的這一端延伸到地平線的另外一端。雌性恐龍從自己骨頭內萃取養分，為卵提供足夠的鈣質，而鳥類也保留了這種習性[178]。

從產卵提供的優勢來說，這樣的犧牲是值得的。羊膜卵是生物演化的一大傑作，裡面不僅包含了胚胎，還有一個完整的生命維持膠囊。卵中含有足夠的食物來孵化動物，更有廢棄物處理系統以確保這個自給自足的生物圈不會中毒。產卵的行為意味著恐龍免除了在自己體內孵育幼崽的麻煩和體能的消耗。

有些恐龍確實會在幼崽孵化後花費精力來照顧後代，但是也沒有受到這種義務的束縛。

---

175 詳見 Zhang *et al.*, 'Fossilized melanosomes and the colour of Cretaceous dinosaurs and birds', *Nature* **463**, 1075–1078, 2010；Xu *et al.*, 'Exceptional dinosaur fossils show ontogenetic development of early feathers', *Nature* **464**, 1338– 1341, 2010；Li *et al.*, 'Melanosome evolution indicates a key physiological shift within feathered dinosaurs', *Nature* **507**, 350–353, 2014；Hu *et al.*, 'A bony-crested Jurassic dinosaur with evidence of iridescent plumage highlights complexity in early paravian evolution', *Nature Communications* **9**, 217, 2018。

176 如果是在海裡，情況又不太一樣，因為比起在陸地上，海洋中的水可以支撐更大的身體，而且胎生也比較有利，因為像海龜一樣返回岸上產卵是極危險的。這也許可以解釋為什麼最早的有頜脊椎動物——盾皮魚——會產下幼崽，而且在許多魚類身上也都可以看到這個習慣，例如鯊魚。在三疊紀回到海洋的羊膜動物魚龍，後來變得非常像鯨，也跟鯨一樣會生下幼崽。當然，鯨本身也跟幾乎所有的哺乳動物一樣，都是生下幼崽，進而演化成為已知最大的動物，體型甚至超過了最大的恐龍。

177 源自亞利桑那州的侏羅紀早期動物凱恩塔獸（*Kayentatherium*）是一種三列齒獸類（tritylodont）的動物，屬於獸孔目的晚期族群，雖然已經非常接近哺乳動物，但實際上並沒有達到標準。儘管他們身上很可能是毛茸茸的，但是幾乎可以肯定他們是卵生。一窩凱恩塔獸至少可以容納三十八隻幼崽，遠比任何哺乳動物的幼崽都要多出許多。請參閱 Hoffman and Rowe, 'Jurassic stem-mammal preinates and the origin of mammalian reproduction and growth', *Nature* **561**, 104–108, 2018。

178 詳見 Schweitzer *et al.*, 'Gender-specific reproductive tissue in ratites and *Tyrannosaurus rex*', *Science* **308**, 1456–1460, 2005；Schweitzer *et al.*, 'Chemistry supports the identification of gender-specific reproductive tissue in *Tyrannosaurus rex*', *Scientific Reports* **6**, 23099, 2016。

有些恐龍將卵埋在溫暖的洞穴或土堆裡，讓幼崽自己去碰運氣。如此一來，原本要花費在繁殖和養育少數後代上的能量，就可以用在其他地方——例如，產下更多的卵，比任何在體內孵育所能生產的數量還要多更多——當然，也可以用來生長。恐龍生長的速度很快。蜥腳類恐龍必須盡可能快速生長，直到他們的體型大到肉食動物無法應付為止。肉食動物也必須加速生長來因應。例如，暴龍在不到二十年內就達到五噸的成年體重，每天最多可以長兩公斤——生長速度遠遠快於其體型較小的親戚[179]。

*

恐龍及其近親花費了數百萬年的時間，累積了飛行所需的一切：羽毛、快速的新陳代謝、高效率的空氣冷卻系統來控制體溫、輕盈的機身，還有對產卵的絕對忠誠[180]。有些恐龍利用其中的一些適應能力來完成非常不像鳥類的事情，比方說，長到尚未有任何陸生動物能夠超越的體型。但是，恐龍終究還是獲得了起飛的許可。那麼，恐龍是如何踏出最後一步，振翅高飛呢？

故事要從侏羅紀時期開始說起，當時有一種體型已經很小的肉食性恐龍系譜又演化得更小了。他們的體型變得越小，皮膚上的羽毛就長得越多，因為新陳代謝快速的小動物需要羽毛來保溫。這些動物有時會住在樹上——這樣更容易逃避其他體型較大的同類注意。然後，有些物種發現如何利用長了羽毛的翅膀在空中停留更長時間，後來就變成了鳥類。

機翼並沒有什麼特別神奇之處，翅膀也是一樣，只不過他們的形狀會擾亂穿過其中的氣流，讓一些氣塊移動得極快，而另外一些則形成渦旋和渦流，呈現靜止狀態。這些速度上的變化最終造成的結果，就是在翅膀上產生一股向上的力量。這股力量與翅膀移動的速度成正比，稱之為「升力」。

想要會飛，有兩種方法。

第一種是從地面或水面起飛。這位未來的飛行員逆風快跑，並盡可能用力拍打翅膀。理論上來說，即使翅膀保持水平，也是可能飛得起來，只不過沒有任何一種飛行動物能夠跑得

179 詳見 G. E. Erickson *et al.*, 'Gigantism and comparative life history parameters of tyrannosaurid dinosaurs', *Nature* **430**, 772–775, 2004。

180 胎生會嚴重阻礙鳥類飛行，所以翼龍——恐龍會飛的表親——也是卵生的，同時也演化出像羽毛的隔熱系統和非常輕巧的機身，或許都不只是巧合（詳見 Ji *et al.*, 'Pterosaur egg with a leathery shell', *Nature* **432**, 572, 2004）。

那麼快。然而，拍動翅膀可以改變周圍空氣的速度分布，進一步增加升力，化不可能成為可能[181]。

另一種升空的方法則是棲息在高處，然後從高處掉下來，讓重力加速度發揮作用。如果能夠跳進熱氣流中——那是從地面升起的熱空氣柱——獲得額外的浮力，那就更容易了。

最好的飛行員都很小，甚至小到肉眼看不到，可以隨風飄到任何地方。大多數的生物體也都很小，自古以來就用這種方式航行：無論是奧陶紀時代最早出現的陸地植物孢子隨著微風飄散，或是暴龍打噴嚏時從鼻孔噴出來的病毒或從他們皮膚脫落的細菌，乃至於抓著絲線飄浮在空中的蜘蛛或小昆蟲——從過去到現在都是一樣，有很多飄浮在空中而且大多都是沒有人注意到的大氣浮游生物，像這樣從地表飄浮到太空邊緣。非常小的生物、孢子或花粉粒，不需要特殊的適應能力——例如翅膀——就可以在空中飛行，最輕微的一陣風就可以將他們帶到數公里之外。

這正是問題所在。大氣浮游生物會受到風的影響，無法控制其去向。對於體型很小的飛行員來說，想要為自己的生活找到一些方向，就需要一對翅膀。然而，同樣的空氣分子，對於懸浮微粒這樣小的東西來說，當然就比對蜜蜂或蒼蠅這樣大的生物要大了許多。對一粒塵埃來說，空氣是黏稠的，就像水或糖漿一樣，所以飛行更像是游泳。其實，以最小的有翅昆蟲來說，他們的翅膀更像是鬃毛而不是機翼，並且像槳一樣在空中划動。

對於體型足夠大的生物而言，重力的拉力比空氣分子的移動更重要，他們飛行的第一階段就只是一種受控制的降落，就像是跳傘。那些設法在空中水平飛行得更遠而不是垂直降落的跳傘者，就稱之為「滑翔機」——儘管如此，這仍是一種受控制的降落[182]。

動物已經多次發現了這種移動方式，從所謂的「飛」蛇展開身體形成一種單翼，還有「飛」蛙具備碩大而類似降落傘的腳，到許許多多類似蜥蜴而且會滑翔的爬蟲類動物——無論是現存的抑或是從化石紀錄中得知的——他們的皮膚在極長的肋骨上向兩側伸展，又甚或是皮膚本身就有骨頭。至少從二疊紀以來，他們就一直在做這種事。許多小型哺乳動物也都是熟練

---

181 像天鵝、雁之類的水禽都這樣起飛的，從他們費力的程度就可以看得出來：體型稍大的鳥類是不可能以這種方式起飛的。飛機起飛的原理也是如此，但是它們無法拍動機翼，所以大型客機需要有巨大的發動機，才能產生令人難以置信的推力。大型噴射機升空需要強大的能量。當然，我們也都知道，每當我們看到飛機在空中飛行時，再多的物理學原理也無法將如此巨大的結構送上天空。飛機會飛，只是因為我們相信它們會飛。如果我們不再相信，它們就會從空中掉下來。這才是我的真實想法，但不要告訴任何人，好嗎？這是我們之間的小祕密。

182 Tim White 提醒我：有些沒有翅膀的螞蟻雖然很小，甚至可以被視為沒有目標的空中浮游生物，卻也可以滑翔——或者說，勉強算是滑翔啦。請參閱 Yanoviak *et al.*, 'Aerial manoeuvrability in wingless gliding ants (*Cephalotes atratus*)', *Proceedings of the Royal Society of London B*, **277**, 2010, https://doi.org/10.1098/rspb.2010.0170。

的跳傘員，從東南亞的蜜袋鼯到一系列「會飛」的松鼠，都是利用前後腳之間能夠伸展開的皮膚皺褶來跳傘或滑翔。哺乳動物幾乎從一演化出來就學會了滑翔。最古老的一種哺乳動物族群——賊獸目動物（haramiyids）——早在侏羅紀時期就開始在空中飛行[183]，甚至可能比已知最早的鳥類始祖鳥（*Archaeopteryx*）還要更早。

所有這些會滑翔的動物，不論在過去或現在，全都生活在樹上，這不可能是一種巧合——而且跳傘的習慣已經獨立演化了很多次[184]。畢竟，對所有喜歡爬樹的生物來說，任何一種動物若是從高處掉落，根據天擇原理，都會造成無情的傷害，因此任何動物不管採取什麼樣的適應措施，只要能夠將落地的衝擊降至最低，就不至於當場摔死，天擇自然也會朝著對他們有利的方向發展[185]。

只有體型較小的恐龍才有可能飛得起來，因為正如我們所見，根據物理定律，體型愈大，起飛時所需的力量也會隨之增加。所以，只有小隻的飛行員能拍動翅膀，大隻一點的就只能滑翔。

⁂

恐龍為了飛行，採納了多種路線的發展組合——有的奔跑振翅，有的從高處墜落滑翔。

無論如何，他們都是偶然學會飛行的。早在他們選擇飛行之前，身上就已經有長了羽毛的翅膀。許多恐龍身上都長著一簇簇絨毛或羽毛，而且這種現象已經存在很久了。

但是一直到小型的肉食性恐龍系譜，才發展出完整的羽毛。儘管這些生物在許多方面都

---

183 例證請參閱 Meng *et al.*, 'A Mesozoic gliding mammal from northeastern China,' *Nature* **444**, 889–893, 2006。

184 不過，最小的跳傘員使用的是絲線與鬃毛，而不是連續展開像是翅膀的薄片。有人會想到蜘蛛用長絲線帶著他們在空中穿梭，或者是自古以來患了相思病的年輕人從蒲公英花上吹出來毛茸茸的種子。每顆蒲公英種子都有一根末端呈簇絨狀的莖稈，就像掃煙囪的掃帚一樣，可以隨風飄過數英里。莖稈末端的簇絨並沒有將空氣困在下面，反而是讓大部分空氣從中間流過去，這就是神奇的地方——穿過簇絨的氣流變成湍流，在簇絨上方形成一種煙圈。這個圈環的形狀很像從兩邊擠壓的甜甜圈，形成了低壓區域，變成一個微型氣旋，也就是一個很微小的風暴中心，就這樣將簇絨往上吸，減緩其下降的速度。請參閱 Cummins *et al.*, 'A separated vortex ring underlies the flight of the dandelion,' *Nature* **562**, 414–418, 2018。

185 科學家在最現代的野生動物棲息地——紐約的曼哈頓——對當代貓進行了研究，探討古代跳傘的最早階段。紐約的獸醫很熟悉一種被稱為「高樓症候群」的貓科動物受傷模式，主要是一些熱愛冒險的貓從高樓窗戶掉下來所造成的傷勢。紐約獸醫將每一個案例受傷的嚴重程度與他們墜落的高度進行比較，結果發現從地面往上數，從愈高處墜落，傷勢就愈嚴重；但是一旦超過了某一個高度之後，這些貓的傷勢非但不會加重，反而減輕。獸醫舉了一個例子：一隻貓從三十二層樓掉下來，然後若無其事地走開，只有胸部和一顆牙齒受到輕傷，當然還有他的尊嚴。大家都知道貓有九條命，這顯然並非虛言。實際的情況似乎是：當貓跌落時，他的肌肉放鬆，四隻腳爪向側面張開，形成一種降落傘，結果就是貓的下巴和胸部可能受傷，但是卻還能保住一條命。請參閱 W. O. Whitney and C. J. Mehlhaff, 'High-rise syndrome in cats,' *Journal of the American Veterinary Medical Association* **192**, p. 542, 1988。

像鳥類——比方說，他們像鳥類收起翅膀一樣折疊雙臂[186]，像鳥類一樣孵蛋[187]等等——其中一些生物體型太大，就飛不起來[188]。有許多生物都長了羽毛，他們用來隔熱、吸引異性、做為躲避捕獵者的偽裝，或者是所有這些功能的組合，也可能拿來做其他的事情。

第一次飛行只不過是短距離的跳躍，可能從地面或是稍高的地方開始。第一批飛行的恐龍也只能振翅飛到低矮的樹枝上，在夜裡棲息，如此而已。幼龍的體型較小，可能會飛得稍微高一點，利用粗短的翅膀幫助他們爬上陡坡或樹幹[189]。爬到樹枝上之後，又怎麼樣呢？即使是只有最簡陋翅膀的恐龍——尤其是小型的恐龍——這時候就跳了出來，用翅膀減緩下降速度，偶爾拍動翅膀提供升力。始祖鳥——最具代表性的「天下第一鳥」——擁有長了完整羽毛的翅膀，但胸骨上缺乏現代鳥類用來固定飛行肌肉的深龍骨，因此，始祖鳥可能不是非常厲害的飛行員，只能在樹枝之間短距離飛行，或飛到離地面較近的低矮樹枝。

⁂

始祖鳥存活在侏羅紀末期，是當時嘗試飛行的許多種恐龍之中的一個。一些最早期的飛行恐龍都有一對翅膀，腿和翅膀上都有適合飛行的羽毛，其中最著名的就是中國的小型恐龍小盜龍，屬於名為馳龍（dromaeosaurs）的恐龍族群[190]。馳龍是始祖鳥以及另一種聰明的小型兩足動物傷齒龍的近親。傷齒龍跟鳥類和馳龍一樣，也開始發展出羽毛，或許還嘗試一定程度的飛行。有一種名為近鳥龍（*Anchiornis*）的傷齒龍科動物，在手臂和腿上都長有羽毛——類似小盜龍的風格——生活在始祖鳥出現之前的侏羅紀時期[191]。

在各式各樣的飛行實驗中，最奇特的一種是由另外一群與馳龍、傷齒龍和鳥類密切相

---

186 詳見 F. E. Novas and P. F. Puerta, 'New evidence concerning avian origins from the Late Cretaceous of Patagonia', *Nature* **387**, 390–392, 1997。

187 詳見 Norell *et al.*, 'A nesting dinosaur', *Nature* **378**, 774–776, 1995。

188 相關例證請參閱 Xu *et al.*, 'A therizinosauroid dinosaur with integumentary structures from China', *Nature* **399**, 350–354, 1999，文中描述了北票龍（*Beipiaosaurus*）身上的羽毛結構，那是一種非常特殊的鐮刀龍（therizinosaurs），這些怪異又其貌不揚的獸腳類恐龍，後來變成了草食性動物，其空氣動力性能就幾乎像煤渣磚一樣。另外也請參閱 Xu *et al.*, 'A gigantic bird-like dinosaur from the Late Cretaceous of China', *Nature* **447**, 844–847, 2007，文中提到了巨盜龍（*Gigantoraptor*），一種身高八公尺、體重一千四百公斤的龐然怪物，不過卻是屬於輕盈而像鳥類的盜蛋龍（oviraptorosaurids）。這種生物肯定是不會飛的，但是他們身上有沒有羽毛，就不得而知了。

189 蒙大拿大學的 Ken Dial 針對一種名為石雞（chukar）的鷓鴣鳥，研究他們的幼鳥如何利用翅膀協助他們爬上非常陡峭的山坡，這種運動方式稱為「翼輔助傾斜奔跑」，對於沒有防禦能力的小型動物來說非常有用，可以躲避捕獵者的追殺。請參閱 Dial *et al.*, 'A fundamental avian wing-stroke provides a new perspective on the evolution of flight', *Nature* **451**, 985–989, 2008。

190 Xu *et al.*, 'The smallest known non-avian theropod dinosaur', *Nature* **408**, 705–708, 2000；Dyke *et al.*, 'Aerodynamic performance of the feathered dinosaur *Microraptor* and the evolution of feathered flight', *Nature Communications* **4**, 2489, 2013。

191 Hu *et al.*, 'A pre-*Archaeopteryx* troödontid theropod from China with long feathers on the metatarsus', *Nature* **461**, 640–643, 2009。

關的恐龍族群進行的。這種生物的大小相當於從麻雀到椋鳥不等，幾乎可以肯定是生活在樹上。雖然他們身上有羽毛——其中一種叫做耀龍（*Epidexipteryx*）的恐龍，甚至還有像彩帶一樣的長尾羽[192]——但是翅膀卻是由裸露的皮膚組成的網，就像蝙蝠一樣[193]。這種名為擅攀鳥龍（scansoriopterygid）的生物，只是恐龍的一個短命實驗，以類似蝙蝠的方式飛行，短暫地迸發出生命的火花，卻在第一隻鳥孵化甚或第一隻蝙蝠斷奶之前，就已經死亡了。

飛行演化的另一個特徵就是動物經常想方設法地失去飛行能力[194]。鳥類似乎一逮到機會，就迫不及待地放棄飛行，而且也不是所有的鳥類從一開始就全都擅長飛行。至少有兩個目的鳥類在很久以前就集體放棄飛行，其中一種是平胸鳥類，如：鴕鳥、鴯鶓、鶴鴕（又名食火雞）、鷸鴕，還有他們已經滅絕的近親——紐西蘭的恐鳥和馬達加斯加的象鳥（*Aepyornis*），二者都是人類在當地登陸之後沒多久就滅絕了；另外一種則是企鵝，他們將翅膀變成了鰭狀肢，以便在水中飛行。這兩個鳥類族群都非常古老。其他鳥類則是在抵達沒有地面掠食者的孤島後發現自己可以輕鬆過日子，因此變得不會飛行——例如加拉帕戈斯群島上不會飛的鸕鶿、紐西蘭的鴞鸚鵡（一種鸚鵡），以及模里西斯的渡渡鳥（一種特大號鴿子）。

然而，還有其他幾個與平胸鳥類無關的族群，在人類出現之前的數百萬年就已經滅絕了。在白堊紀晚期，一種名為魚鳥（*Ichthyornis*）的原始鳥類，看起來像長了牙齒的海鷗[195]，沿著一條曾經將北美從北向南一分為二的航道海岸飛行，而像無齒翼龍這一類的翼龍，則在他們上空翱翔。與他們為伍的還有黃昏鳥（*Hesperornis*），那是一種身長超過一公尺的大鳥，但幾乎沒有翅膀，跟企鵝一樣，可能會潛入水中，以捕撈魚類為生。另外一種在白堊紀的鳥類，則是母雞大小的巴塔哥尼鳥（*Patagopteryx*），大約是魚鳥和黃昏鳥在古內布拉斯加州的海灘上巡航時，生活在如今的阿根廷，他們似乎也放棄了飛行。還有一群名為阿瓦拉慈龍（alvarezsaurids）的恐龍，是一群個頭很小、身上長著羽毛的生物，他們擁有長長的腿，但是

192 詳見 F. Zhang *et al.*, 'A bizarre Jurassic maniraptoran from China with elongate, ribbon-like feathers', *Nature* **455**, 1105–1108, 2008。

193 詳見 Xu *et al.*, 'A bizarre Jurassic maniraptoran theropod with preserved evidence of membranous wings', *Nature* **521**, 70–73, 2015；Wang *et al.*, 'A new Jurassic scansoriopterygid and the loss of membranous wings in theropod dinosaurs', *Nature* **569**, 256–259, 2019。

194 我們不能否認，儘管紐西蘭的短尾蝙蝠（mystacinid bats）絕大部分時間都生活在地面上，但是世界上並未有任何已知的蝙蝠在次級演化中失去飛行能力；除非我們將某些可能是由巨型翼龍重新組合出來的生物視為不會飛行，否則也沒有任何翼龍在次級演化中失去飛行能力。

195 詳見 Field *et al.*, 'Complete *Ichthyornis* skull illuminates mosaic assembly of the avian head', *Nature* **557**, 96–100, 2018。

翅膀退化成粗壯的短肢，短肢都有大爪子。當科學家首次發現他們時，也認為他們是不會飛的鳥類[196]。

飛行是一種昂貴的習慣。儘管恐龍從一開始誕生就幾乎具備了飛行所需的先決條件，但是不論在過去或現在，要飛起來還是很吃力，因此許多飛行員一有機會就放棄飛行，也不足為奇。在馳龍和傷齒龍中體型較小、也比較能飛的成員，都算是這個族群中早期的範例：他們的後代體型較大，也比較適合在陸地生活。後來的馳龍和傷齒龍都算是墜落地面的龍。鳥類甚至在變成鳥類之前就已經不會飛了。

倒也不是說很多物種就此不再繼續挑戰。白堊紀的天空很快就充滿了無數鳥類的啁啾、嘶鳴與啼囀。其中有許多屬於反鳥類（enantiornithines）——這是一群與現代鳥類非常相似的鳥類，只不過他們保留了牙齒和翅膀上的爪子。但是現代鳥類的物種早在白堊紀結束之前就開始出現了。例如，白堊紀晚期出現的岸鳥——奇蹟鳥（*Asteriornis*），他們的近親後來就演化為雞、鴨、鵝等鳥類[197]。

地球持續在改變。到白堊紀末期，盤古大陸已經分裂成我們今天多少都會認識的陸塊，導致了在不同地方出現不同種類的恐龍演化。一群稱為阿貝利龍（abelisaurs）的獸腳類恐龍，通常只在南方大陸出現，而像三角龍這類的有角恐龍，則幾乎總是在北美西部和亞洲東部發現——這兩個地區在當時彼此相連，但與其他陸塊分開[198]。

在島嶼上與世隔絕的恐龍，創造出有如愛麗絲夢遊仙境般的奇特動物園地。比方說，在

---

196 首次發現單爪龍（*Mononykus*）這種奇特生物的故事，請參閱 Altangerel *et al.*, 'Flightless bird from the Cretaceous of Mongolia', *Nature* **362**, 623–626, 1993；後來又發現了另外一種鳥面龍（*Shuvuuia*），顯示第一次的發現並非僥倖，請參閱 Chiappe *et al.*, 'The skull of a relative of the stem-group bird *Mononykus*', *Nature* **392**, 275–278, 1998。

197 詳見 Field *et al.*, 'Late Cretaceous neornithine from Europe illuminates the origins of crown birds', *Nature* **579**, 397–401, 2020，以及 K. Padian 所寫的相關評論 'Poultry through time', *Nature* **579**, 351–352, 2020。另外一種白堊紀的鳥類可能是水禽的早期代表，就是來自南極洲的維加鳥（*Vegavis*），請參閱 Clarke *et al.*, 'Definitive fossil evidence for the extant avian radiation in the Cretaceous', *Nature* **433**, 305–308, 2005。維加鳥有發展完全的鳴管（Clarke *et al.*, 'Fossil evidence of the avian vocal organ from the Mesozoic', *Nature* **538**, 502–505, 2016；P. M. O'Connor, 'Ancient avian aria from Antarctica', *Nature* **538**, 468–469, 2016）。鳥類這種特殊的發聲器官可以發出各種聲音，從雁鳴到夜鶯的啼囀，不一而足。據說，只有在天使降臨倫敦的麗池酒店用餐時，才能在伯克萊廣場聽到夜鶯歌唱。

198 請注意「幾乎」一詞，生物學最重視例外。在歐洲，至少有一個有角恐龍出現的紀錄，相關例證請參閱 Ösi *et al.*, 'A Late Cretaceous ceratopsian dinosaur from Europe with Asian affinities', *Nature* **465**, 466–468, 2010；Xu, 'Horned dinosaurs venture abroad', *Nature* **465**, 431–432, 2010。

侏羅紀時期，歐洲是一個由熱帶島嶼組成的群島，很像今天的印尼，擁有自己獨特的微型蜥腳類動物群，如歐羅巴龍（*Europasaurus*），每一隻身長都不超過六公尺[199]。還有馬達加斯加島，直到現在，都是一樣充滿異國風情的動物天堂。在白堊紀時期，那裡的許多生態棲位——甚至素食主義者——都被鱷魚占據了[200]。

在白堊紀，也出現了開花植物[201]。剛開始的時候，開花植物長得很小，像四足動物一樣，傍水而居，在河岸邊開滿了如睡蓮般的白色蠟質花朵，在四周綠色針葉樹的襯托下顯得格外突出。

植物長期以來一直會保護種子內的胚胎，但開花植物又多了一層保護。跟所有植物一樣，雄性細胞使雌性細胞受精以產生胚胎。但開花植物添加了另外兩個雌性細胞，同時與另一個精子受精——像是三角關係——形成了一種稱為胚乳的組織，為年輕的胚胎提供糧食。整個結構又進一步的包覆在保護層裡，而這個保護層就變成了果實。在結出果實之前，先長出花朵，用顏色和氣味來吸引授粉者。水果也有顏色和香味，以鼓勵動物吃掉他們，再透過糞便傳播藏在果實裡的種子。

數百萬年來，苔蘚等簡單的陸生植物一直在吸引動物來幫忙他們授精[202]，可能是他們從最早在陸地殖民時就開始了。這些努力大多很低調，像是蓋了一層朦朧的神祕面紗，與開花植物第一次盛開的張揚浮誇完全大相逕庭；一些傳授花粉的生物大約也在這個時候爆炸性地演化出來，如螞蟻、蜜蜂、黃蜂和甲蟲等，以物種的數量來說，這些生物依然稱霸當今地球。開花植物及其授粉媒介之間有微妙、多面且複雜的關係——是在恐龍的鼎盛時期才出現的。

恐龍的世界看似永遠不會結束。事實上，這種情況很可能會無限期地持續下去，儘管印度在白堊紀末期噴發出岩漿熱柱，但是除此之外，地球在侏羅紀和白堊紀似乎陷入了沉睡。

199 詳見 Sander *et al.*, 'Bone histology indicates insular dwarfism in a new Late Jurassic sauropod dinosaur', *Nature* **441**, 739–741, 2006。
200 詳見 Buckley *et al.*, 'A pug-nosed crocodyliform from the Late Cretaceous of Madagascar', *Nature* **405**, 941–944, 2000。
201 詳見 M. W. Frohlich and M. W. Chase, 'After a dozen years of progress the origin of angiosperms is still a great mystery', *Nature* **450**, 1184–1189, 2007。
202 相關例證請參閱 Rosenstiel *et al.*, 'Sex-specific volatile compounds influence microarthropod-mediated fertilization of moss', *Nature* **489**, 431–433, 2012。

然而，導致白堊紀結束的危機來得又急又殘酷——而且還是從天而降。

我們只要看看月亮的臉，就知道上面有碰撞的傷痕。太陽系中的大多數固體表面都佈滿了大大小小的隕石坑。即使是小行星上最微小的一點，上面也是坑坑疤疤，佈滿了由更小的飛彈撞擊所形成的隕石坑。只有那些不斷重塑表面的星體，才能抹滅這項證據[203]。

同樣的，地球也曾多次遭到來自太空的天體撞擊，但是留下來的隕石坑卻很少。就算有少數撞擊地球的星體沒有在稠密的大氣層燒光，也絕少會在地球表面留下疤痕，因為他們很快就受到風、氣候、水的侵蝕——當然還有生物的活動——而磨損殆盡。蠕蟲會鑽過隕石坑壁，破壞坑洞；樹根也會穿透坑洞，將土石化為灰塵；海水也會填滿坑洞，用沉積物將其掩埋；另外生命會侵入坑洞，直到完全看不出它們曾經存在的痕跡。

但是災難只要一個就夠了。大約六千六百萬年前，一顆小行星撞擊地球，導致恐龍世界突然終結。

所有的一夜爆紅，都需要長時間的準備。恐龍的命運很早就注定了。大約一億六千萬年前，在侏羅紀晚期，遙遠的小行星帶發生了一次碰撞，產生了直徑四十公里的小行星，現在名為巴蒂斯蒂娜（Baptistina），還有一千多個碎片，每個碎片的直徑都超過一公里，有些甚至還更大。這些小行星和碎片分散到了太陽系內部，預告了厄運的來臨[204]。

大約一億年後，其中一顆撞到了地球。一顆炸彈從東北方天空陡然而降[205]，一顆直徑可能高達五十公里的天體，以每秒二十公里的速度撞擊到現在墨西哥的猶加敦半島海岸，穿透並熔化了地殼。一道令人睜不開眼的閃光，隨後刮起了時速一千公里的強風，挾帶著超乎想像的噪音，摧毀了加勒比海和北美大部分地區的所有生命，然後像是從熔爐吹來的風，朝著這個世界投擲燃燒彈，將樹木變成火炬。海嘯將墨西哥灣周圍的海水全部捲上天空，形成一股五十公尺高的巨浪沖回海岸，向內陸吞噬了一百多公里的土地。

撞擊地球的小行星穿透了自古以來在海床形成的沉積物，這些沉積物裡富含硬石膏。硬石膏是硫酸鈣的一種形式，在撞擊的當下，立刻變成了二氧化硫氣體。這種氣體在平流層形成了雲，這些雲——還有塵土——遮擋了陽光，使世界陷入了持續數年的冬天。等到太陽升起，天氣再次晴朗時，二氧化硫已經變成濃度極強的酸雨被大水沖走了，在植物身上留下疤

---

203 我們可以比較埃歐（Io）與歐羅巴（Europa）這兩個星體，二者都是木星的衛星，但是又很不一樣。埃歐衛星的表面因為火山活動而不斷地重整，而歐羅巴衛星則是因為從表面下海洋中滲出的冰而重塑星體的表面。

204 詳見 Bottke *et al.*, 'An asteroid breakup 160 Myr ago as the probable source of the K/T impactor', *Nature* **449**, 48–53, 2007；P. Claeys and S. Goderis, 'Lethal billiards', *Nature* **449**, 30–31, 2007。

205 詳見 Collins *et al.*, 'A steeply inclined trajectory for the Chicxulub impact', *Nature Communications* **11**, 1480, 2020。

痕，也溶解了所有的礁石。

到了那個時候，所有不會飛的恐龍都已經消失。最後一隻翼龍在天上被炸死了；在海洋裡，宏偉的蛇頸龍（三疊紀的幻龍後裔），還有滄龍（mosasaurs）——令人望之生畏的遠洋巨蜥——也一起滅亡了[206]。巨大的菊石——魷魚和章魚的近親，總是蜷縮在貝殼裡，在海洋巡弋，有些可以長到像卡車輪胎那麼大——也被淘汰了，結束了他們始於寒武紀的系譜。

因此造成的隕石坑直徑達一百六十公里。

但是生命再次恢復。儘管有四分之三的物種已慘遭滅絕，但生命很快又回到了原點。短短三萬年間，又有浮游生物棲息在海裡[207]，它們的白堊骨骸如雨點般落到海底，掩埋了隕石撞擊的遺跡。

繼之而起的是獸孔目動物的遙遠後代，他們跟恐龍一樣，演化出了快速運行的新陳代謝，不過使用方法卻迥然不同。這些就是哺乳動物，自三疊紀以來一直生活在陰影中，現在終於浮上枱面。

206 最後的魚龍在幾百萬年前就已經滅絕了，因此躲過了世界末日的混亂與騷動。

207 詳見 Lowery *et al.*, 'Rapid recovery of life at ground zero of the end-Cretaceous mass extinction', *Nature* **558**, 283–291, 2018。

# 08

# 華麗的哺乳動物

很久很久以前，在泥盆紀時期，在一條盔甲魚體內長出了一對骨頭，位於後腦勺，兩側各一個；但是魚根本不予理會，因為在他身後緊緊追趕的巨型海蠍正緊盯著他看，而他也忙著撥沙，阻擋敵人的視線。

然而，這對骨頭卻持續發揮作用，像一對支柱，將大腦支撐起來（以這條盔甲魚來說，是軟骨結構），頂在外面的骨質甲殼上，就在第一對鰓裂上方。

後來，另外兩個支柱——將嘴巴與第一對鰓裂分開的軟骨支柱——向後摺合，形成鉸鏈，從中間折疊起來，就演化出頜了。這些頜關節堆積在第一對鰓裂中，將鰓裂壓縮成一對小孔，也就形成氣孔，位於頜鉸鏈兩側的上方。這時候，這些支撐大腦的支柱發現自己肩負三重職責：它們跟以前一樣，還是結構梁，但是其中一端也連結了負責開關氣孔的肌肉；而在另一方面，又緊緊地壓在腦殼上通往內耳的一對孔洞上，分別位於頭部的兩側。

魚的內耳是微小而脆弱的結構，少了內耳，魚就會迷路，找不到方向，不知道哪一邊該朝上。內耳像是由充滿液體的管子所組成的迷宮，每一根管子都是另一根管子的鏡像。液體的運動擾亂了附著在纖毛上富含礦物質的油灰狀物質，而纖毛的另一端又附著在神經細胞上。在環境中的運動導致液體的運動，進而擾亂這種物質，然後牽動纖毛，向大腦發射觸動神經的脈衝——這時候，魚立刻就知道自己位在何方：快速游過水中，逃離緊追在後的海蠍伸出來的貪婪利螯。

同樣的管道系統對水波振動很敏感：也同樣是透過微纖毛細胞系統，就像豎琴的琴弦一樣。振動撥弄琴弦，每根琴弦都會發出自己的音符，魚就會聽到捕獵者發出的不祥聲響。也就是位在頭部兩側，始終不離不棄、又辛勤工作的這對支柱，將這些振動從外部一直傳導到內耳。

在最早的四足動物中，例如棘被螈，這些支柱（稱之為舌頜骨）是堅固的大梁，但是聲音傳導的效果不太好，尤其是超過低音轟鳴的聲音，聽起來就像遠處的雷聲一樣[208]。

當四足動物最終登陸時，發現自己處在完全不同的露天聲學環境中。原本形成鰓弓的軟骨轉變成舌頭與喉部的支撐，只有舌頜骨保留在原位，只不過現在它們只用來感知聲音。氣孔上覆蓋著薄膜，形成鼓膜，舌頜骨將振動從鼓膜直接傳導到內耳。因為這個新功能，讓舌頜骨獲得一個更響亮的名字：耳小柱（*columella auris*）——也就是耳朵裡的小柱子——但是也

208 詳見 J. A. Clack, 'Discovery of the earliest-known tetrapod stapes', *Nature* **342**, 425–427, 1989；A. L. Panchen, 'Ears and vertebrate evolution', *Nature* **342**, 342–343, 1989；J. A. Clack, 'Earliest known tetrapod braincase and the evolution of the stapes and fenestra ovalis', *Nature* **369**, 392–394, 1994。魚石螈是棘被螈的親戚，他們的中耳似乎就演化成某種水中聽覺器官，在演化中是前所未見的（Clack *et al.*, 'A uniquely specialized ear in a very early tetrapod', *Nature* **425**, 65–69, 2003）。

有一個聽起來不那麼響亮的名字，稱之為鐙骨或馬鐙骨。鐙骨位於鼓膜與內耳之間，中間這個袖珍帝國就是中耳[209]。

當聲音敲擊鼓膜時，振動會透過鐙骨傳導到內耳。直到今天，兩棲類、爬蟲類和鳥類都是用這種方式聽到聲音。隨著時間的推移，鐙骨變得愈來愈薄，即使低語的聲音也變得敏感。話雖如此，仍然有其限制。鳥類的啁啾、嘶鳴與絮絮叨叨瀰漫在空氣中——鳥類可以發出自然界中最響亮的聲音[210]。然而，鳥兒對頻率高於每秒約一萬個週期或一〇千赫茲（kHz）的聲音基本上不敏感[211]。

不過，哺乳動物卻有不一樣的做法。他們的中耳裡不是只有一塊骨頭（鐙骨），而是有三塊。其中一塊跟以前一樣連接內耳與大腦，但是另外兩塊骨頭擠在鼓膜和鐙骨之間，分別是附著在鼓膜內側的錘骨（「錘子」）以及連接錘骨與鐙骨的砧骨（「砧座」）[212]。

這些骨頭對哺乳動物的感官有巨大的影響。三塊骨頭構成的骨鏈會放大聲音，還增加了

209 氣孔負責引導水的進出，成了外界和口腔之間溝通橋梁，而鼓膜則形成屏障，界定了中耳的外部界限。然而，中耳確實

保留了與口腔的連結，每當你吞嚥時，就能感覺到這樣的連結：透過一個稱為耳咽管的連接，這個動作平衡了中耳和外界之間的壓力。這就是為什麼當你感冒時聲音聽起來都模模糊糊的。耳咽管內充滿了黏液，難以平衡壓力，因此鼓膜的工作效率較低，這也是搭飛機起降時會如此痛苦的原因。即使在加壓艙內，突如其來的氣壓變化仍足以造成鼓膜的壓力，所以在飛機起降時，我們最好是吞嚥口水，將空氣推出耳咽管，並清除任何堵塞物；擤鼻涕也有同樣的效果。在成年人體內，耳咽管從中耳往咽喉後部向下傾斜，讓黏液可以自然排出；然而，小孩子的耳咽管或多或少是水平的，所以黏液會被困在耳咽管中，導致一種稱為「膠耳」的現象——孩子之所以可愛，就是因為他們總是拖著兩條鼻涕，到處傳染疾病——這時候，可以在鼓膜打個小孔來治療，等到痊癒後，問題也就解決了。

210 在巴西亞馬遜的雄性白鐘傘鳥（*Procnias albus*）可以發出所有棲鳥中最響亮的聲音，尤其是在靠近他想要追求的雌鳥時。這時候，倒楣的雌鳥必須承受一二五分貝的聲壓。（J. Podos and M. Cohn-Haft, 'Extremely loud mating songs at close range in white bellbirds', *Current Biology* doi.org/10.1016/j.cub.2019.09.028, 2019）。對人類來說，這樣的聲音已經足以讓人感到痛苦。根據《金氏世界紀錄》記載，一九七二年，我最喜歡的深紫樂團（Deep Purple）在倫敦彩虹劇院舉行的一場音樂會中，創造了一一七分貝的聲壓，三名觀眾因此昏倒。據報導，該項紀錄此後多次被打破，但由於《金氏世界紀錄》不再列入此類紀錄，因此大多數後續報告都是非官方的（例如，二〇〇九年渥太華 Kiss 音樂會上的一三六分貝）。然而，考慮到分貝的計算呈對數增加，因此深紫樂團的表演固然震耳欲聾，但是白鐘傘鳥的叫聲卻幾乎是它的三倍。我們不免懷疑，雌鳥為什麼會忍受這些喧鬧噪音呢？

211 在鋼琴上，中央C之上的「A」通常都調成四四〇赫茲，每升高八度音，赫茲數就加倍，因此高八度的「A」就是八八〇赫茲；如果是高了兩個八度，就是一七六〇赫茲（或寫成一·七六千赫茲）；高三個八度，則是三五二〇赫茲（三·五二千赫茲）。一般鋼琴鍵盤就調不出比這個更高的音符了。如果還有一個更高八度的音符，就是七〇四〇赫茲（七·〇四千赫茲），已經超過了大部分鳥類可以聽得見的最高音。人類孩童可以聽到的最高音約為二〇千赫茲，不過隨著年齡增長，音高的敏感度也跟著降低，尤其是像我們這些從年輕時就聽深紫樂團的人。

212 這些骨頭的名稱質樸無華，讓人想起哈代小說中某位雙手長滿粗繭的鐵匠，有必要說明一下。人類的鐙骨看起來確實很像馬鐙。平坦的腳踏板位於「橢圓形窗口」之中，是通往內耳的門戶。腳踏板懸在兩個獨立的分叉之上，然後兩根分叉又向上連接在一起，像是一根叉骨，或者就像是馬鐙。兩個分叉之間的小孔有血管穿過（即鐙骨動脈）。既然有了馬鐙，就很自然地將其他骨頭命名為錘子和砧座，儘管它們看起來並不特別像同名的鐵製品。鐙骨是人體內最小的骨頭，錘骨和砧骨也大不了多少。這些骨頭一起形成中耳的「小骨」或「小骨頭」。

耳朵對更高頻率的敏感度。我們人類——至少在童年時期——可以聽到高達二〇千赫茲的音符，遠高於雲雀最高的歌聲[213]。但是跟許多其他哺乳動物相比，人類的聽力其實並不好，例如狗（四五千赫茲[214]）、環尾狐猴（五八千赫茲[215]）、小鼠（七〇千赫茲[216]）和貓（八五千赫茲[217]）；若是跟海豚相比（一六〇千赫茲[218]），那幾乎就跟聾子沒有什麼兩樣。哺乳動物的中耳裡這三塊骨頭鏈的演化，為他們開闢了一個其他脊椎動物無法進入的全新感官世界。

這就好像是在已經習以為常的林地，卻在周圍高聳的樹叢中偶然發現了一個小洞，找到一片他們從未想像過的開闊田野。

*

錘骨和砧骨是打哪兒來的呢？

當魚類為了遠離其他深海居民逃命，而首次演化出頜時，頜關節就位在氣孔下方，也就是殘存的鰓裂；如果是四足動物，就會變成他們的鼓膜。因此，頜鉸鏈恰好靠近耳朵，而不是在其他任何地方，只能說是一種機緣巧合。

然而，頜關節與耳膜不僅僅是近鄰而已，他們還有更密切的關係，而這種親密關係正是哺乳類動物終於獲得成功的關鍵。

當下頜最初演化出來時，只是一根軟骨，是第一個鰓裂彎曲成兩半，形成顎骨；上半部變成上頜，下半部則成了下頜。隨著時間的推移，軟骨演化成硬骨：不過還留下了一個遺緒——至少仍然存在於胚胎中——也就是梅克氏軟骨，那是在下頜表面的一條薄薄的組織，後來才慢慢消失。

爬蟲類動物或恐龍的下頜是個複雜的玩意兒。它不只是由一根骨頭組成，而是有好幾根骨頭，每根骨頭都有各自的任務。齒骨是靠近前面的骨頭，顧名思義，就承載牙齒的骨頭。反之，關節則位於後方，與顱骨底部一塊名為方骨的骨頭形成頜鉸鏈——或者稱為關節。哺

213 至少在孩童時期可以。對於更高頻聲音的敏感度通常會隨著年紀降低，尤其是那些從年輕時就聽什麼——唉呀，我也不知道啦——深紫樂團的人來說。

214 詳見 H. Heffner, 'Hearing in large and small dogs (*Canis familiaris*)', *Journal of the Acoustical Society of America* **60**, S88, 1976。

215 詳見 R. S. Heffner, 'Primate hearing from a mammalian perspective', *The Anatomical Record* **281A**, 1111–1122, 2004。

216 詳見 K. Ralls, 'Auditory sensitivity in mice: *Peromyscus* and *Mus musculus*', *Animal Behaviour* **15**, 123–128, 1967。

217 詳見 R. S. Heffner and H. E. Heffner, 'Hearing range of the domestic cat', *Hearing Research* **19**, 85–88, 1985。

218 詳見 Kastelein *et al.*, 'Audiogram of a striped dolphin (*Stenella coeruleoalba*)', *Journal of the Acoustical Society of America* **113**, 1130, 2003。

乳動物的獸孔目祖先也是如此。

當獸孔目演化成哺乳動物，體型變得愈來愈小，從大型犬的尺寸，變成小型犬，再到貓、黃鼠狼、老鼠以及更小的鼩鼱，而且身上的毛愈來愈濃密，頜也發生變化。齒骨開始在整個頜部中扮演更大的角色，就像一隻特大的布穀鳥雛鳥強迫其他搞不清楚狀況的繼兄弟姐妹離開巢穴一樣，齒骨向後推擠，因此在頜中的其他骨頭要不是完全被它吸收，就是被推到後面，擠進鐙骨旁邊的一塊被團團圍住的地方。事實上，齒骨向後移動到很遠的地方，甚至跟頭骨形成了完全獨立的鉸鏈，連接到不同的頭骨，即鱗骨。

這樣發展的結果就是免除了方骨作為鉸鏈的作用。而方骨因為靠近鐙骨，因此轉而成為耳骨，也就是砧骨；接下來就是關節骨，則變成了錘骨[219]。

在哺乳動物的某些祖先身上，頜關節是齒骨、鱗骨、方骨與關節骨的不穩定組合。由於方骨和關節骨正要演化為砧骨和錘骨，因此它們必須承擔兩項完全不同的工作：其一是要成為上下頜聯繫的一部分，必須強壯而有力；其二是要傳導聲音，這時候就需要靈敏度。四足動物的魚類祖先早在數百萬年前就嘗試過，但是跟鐙骨一樣，想要二者兼顧是不可能的。

最後，方骨和關節骨在中耳裡自由漂浮了起來——起初，還以一縷退化的梅克氏軟骨附著於顎，後來連那個也消失了。隨著哺乳動物的中耳進化，他們對聲音變得敏銳，也體驗到四足動物從來不曾經歷過的有聲世界。

哺乳動物中耳的演化是體型變小的直接結果[220]——而且不只演化了一次，至少獨立演化了三次：第一次演化出來的動物，後來成了澳洲的卵生鴨嘴獸與針鼴的祖先；第二次則是有袋類與胎盤哺乳動物的祖先，二者共同構成了當今所有哺乳動物物種的百分之九｜九以上；第三次就是多瘤齒獸類動物，這一群哺乳動物看起來很像齧齒類，從侏羅紀存活到始新世，後來也滅絕了。

⁂

從獸孔目演化到哺乳動物的漫長旅程，從三疊紀的最早期就開始了，例如：三尖叉齒獸

219 關於這個驚人的改變，還有哺乳動物早年的歷史，請參閱最新的完整調查研究：Z-X. Luo, 'Transformation and diversification in early mammal evolution', *Nature* **450**, 1011–1019, 2007。

220 詳見 Lautenschlager *et al.*, 'The role of miniaturization in the evolution of the mammalian jaw and middle ear', *Nature* **561**, 533–537, 2018。

這樣的犬齒類動物，這種生物看起來就像是半閉著眼睛時看到的傑克羅素㹴犬。然而，除了粗壯的短尾巴和走起路來搖搖晃晃的姿態之外，他們與哺乳動物有驚人的相似之處，不但有鬍鬚和毛皮[221]，還會挖坑掘洞。

內部的差異更加明顯。即使在這麼早期的階段，齒骨就已經在下頷占據了主導地位——儘管中耳裡仍然只有鐙骨。

在爬蟲類動物身上，牙齒的問題比較簡單，只要有一顆脫落，就會長出新的牙齒來。盤龍就是出了名的喜歡改變牙齒的形狀與大小，創造出一整套用餐工具，每一種餐具都專門用於不同的任務。他們的獸孔目後裔也延續了這樣的趨勢。

有人會聯想到長著超大犬齒的麗齒獸；還有他們的獵物二齒獸，也有效地結合了犬齒和角質喙。犬齒獸也有犬齒——畢竟他們的名字就是「狗的牙齒」——但他們延續了朝著其他牙齒分化的趨勢。哺乳動物有四種基本的牙齒類型：鉗齒（門牙）、刺齒（犬齒）、切片齒（前臼齒）以及後方的碾碎齒（臼齒）。三叉尖齒獸有鉗齒和刺齒，但是犬齒後面的牙齒就沒有明顯分化。

三叉尖齒獸不像爬蟲類動物那樣沿著脊柱一直都有肋骨，反而有胸甲包覆肋骨，也就是我們現在所說的胸廓。這是哺乳動物獨有的特徵，也意味著三叉尖齒獸有橫隔膜——也就是在體內將胸腔與內臟分開的一片肌肉，可以讓呼吸更有力，也更有規律[222]。

呼吸的另一個適應演化則發生在鼻子內部。爬蟲類動物的鼻孔內部直通口腔頂部（靠近前面），但是三叉尖齒獸卻不一樣，他們演化出一個幾乎完全與口腔分離的長鼻腔，只有在最後面才跟口腔相連，因此空氣可以順暢地抵達咽喉，避開了在嘴裡咀嚼的食物。這意味著動物可以一邊咀嚼食物，一邊呼吸，不需要為了呼吸而停止進食。加大的鼻腔裡充滿了迷宮般的渦形骨頭，支撐著大面積的黏膜——這意味著他們有敏銳的嗅覺，還可以一邊咀嚼一些比自身更小的愚昧動物，一邊替吸入的空氣加熱。

因此，我們看到的是一種活躍的動物，具有快速的新陳代謝：與恐龍相似，不過卻是以不同的方式實現。他們不像恐龍那樣有遍布全身的氣囊系統，而是利用橫隔膜將空氣打進打出。三叉尖齒獸與後來的犬齒獸都跟體型較小的恐龍一樣，需要披上皮毛外套來保存熱量。因為快速的新陳代謝消耗掉大量的燃料，所以進食必須更有效率。三叉尖齒獸不能像鳥類和恐龍那樣，先將食物完整吞下去，再用嗉囊或沙囊裡的石頭將食物磨碎，悠哉悠哉地消化，而是充分利用他可以一邊進食、一邊呼吸的能力，以整組不同功能的牙齒在嘴裡將獵物撕裂咬成碎片。

221 他們肯定有鬍鬚，但是皮毛是臆測的。

222 詳見 Jones *et al.*, 'Regionalization of the axial skeleton predates functional adaptation in the forerunners of mammals', *Nature Ecology & Evolution* **4**, 470–478, 2020。

從犬齒獸到最早期的哺乳動物之間的轉變一直在持續進行，其中牽涉到獸孔目動物中好幾個不同的系譜。到三疊紀晚期，在所有重要層面都無異於哺乳動物的物種就出現了。這些物種都很小：孔奈獸（*Kuehneotherium*）和摩爾根獸（*Morganucodon*）都跟現代的鼩鼱差不多大，或許身長最多只有十公分。他們的中耳已經完全形成[223]，另外牙齒也進化成了清晰的鉗齒、刺齒、切片齒和碾碎用的臼齒。

他們的臼齒很特別，不像鯊魚牙齒那樣所有的尖頭都排成一條線，而是交錯排列，形成一個三維的咀嚼表面，下臼齒的各種參差凹坑與上臼齒交錯，緊密咬合，不但可以更有效率地處理食物，更是小型生物保護自己的另一種武器，因為這些生物光是為了生存，每天就必須吃掉相當於自身體重的大量昆蟲。然而，即使在這麼早期，每種哺乳動物就已經發展出自己的飲食特色。摩爾根獸可以應付像甲蟲這樣又硬又脆的獵物，而孔奈獸則喜歡吃較軟的食物，如飛蛾[224]。

高效的咀嚼與呼吸促進了快速的新陳代謝，順勢改變了嗅覺；看似堅定不移地朝著體型愈來愈小的趨勢發展，反而促成了動物演化出敏銳的高頻聽力；另外還有躲在洞穴裡的習慣。這些都讓哺乳動物可以進入一個幾乎所有其他脊椎動物都不得其門而入的棲地——夜晚。

三疊紀的盤古大陸在許多方面都是一個不懷好意的地方。遠離暴風雨肆虐的特提斯洋海岸，大部分土地都是沙漠，在白天，地面熱到幾乎碰不得。孔奈獸與摩爾根獸生活在赤道以北介於二十至三十度之間的沙漠中，在這樣的環境下，最好的策略是躲在地表下的洞穴裡，躲避白天的炎熱，然後在晚上或清晨一早再出來狩獵。這時候，快速的新陳代謝就至關重要了。必須依賴太陽熱量取暖的爬蟲類動物當然比不過已經溫暖的哺乳動物，最美味的昆蟲全成了後者的盤中飧。而昆蟲在這種時候也會變得比較遲鈍，更容易捕食。

對於白天在黑暗的洞穴中度過、只有到了夜晚才在星空下狩獵的動物來說，視覺遠不如聽覺、觸覺和嗅覺重要——自三叉尖齒獸的時代以來，獸孔目動物的這些感官已經慢慢改進。以哺乳動物來說，已經達到了極致。在白天，三疊紀的地面上爬蟲類橫行，但是夜晚卻屬於

223 科學家重建摩爾根獸的耳朵，發現他們可能聽得到高達一〇千赫茲的聲音。請參閱 J. J. Rosowski and A. Graybeal, 'What did *Morganucodon* hear?', *Zoological Journal of the Linnean Society* **101**, 131–168, 2008。

224 詳見 Gill *et al.*, 'Dietary specializations and diversity in feeding ecology of the earliest stem mammals', *Nature* **512**, 303–305, 2014。

哺乳動物。在接下來的一億五千萬年間，這裡將成為他們的遊樂場。

---

每一隻曾經存在過的恐龍都是從蛋裡孵化出來的；哺乳動物也曾如此。這是一個好習慣，因為誠如我們所見，下蛋可以非常快速地產生大量後代，又不需要父母投入太多精力。凱恩塔獸是一種生活在侏羅紀的獸孔目動物，非常類似哺乳動物——因此也是最後一批不是毛茸哺乳動物的獸孔目動物——他們每次孵化數十隻幼崽，每隻幼崽看起來都像一個微型成體，準備好上路，探索這個世界[225]。

但是，改變就在眼前。這種變化發生在腦部，因為早期的哺乳動物正在演化出更大的腦。剛孵化的幼體開始看起來像是我們想像中動物寶寶應有的樣子——發育尚未完成，有一個相對於身體來說較大的頭部，裡面滿是正在發育的大腦。腦部組織的製造與維護都非常昂貴，對那些光是為了活命就已經要盡可能狂奔的小動物來說，造成了巨大的壓力。因此，哺乳動物不是產下大量的卵，而是生下數量較少的幼崽，並投入更多的時間來照顧他們。雌性動物開始從改造後的汗腺中分泌出富含脂肪與蛋白質的物質，確保幼崽的飲食中含有他們快速生長需要的所有養分——我們稱這種物質為「乳汁」。從歷史和字源學來看，哺乳動物之所以成為哺乳動物，就是因為有了泌乳器官或是乳房。

哺乳動物的生活很緊張。在三疊紀晚期，當恐龍出現時，哺乳動物正要開始精進身為小型動物的藝術，過著短暫、刺激、充滿活力的生活。但是如果能夠恢復到正常大小，他們在能量需求上的壓力就會比較小，特別是現在他們還要支援更大的腦。

問題是，當哺乳動物發展到不再是小型的夜間食蟲動物和食腐動物時，恐龍已經演化到填補了所有可用的生態空缺。事實上，對於聰明、活躍的小型恐龍來說，哺乳動物不僅僅是競爭者——還是獵物。

哺乳動物倒也不是說不曾嘗試擺脫困境。生活腳步快的動物演化得也比較快。在恐龍時

225 詳見 E. A. Hoffman and T. B. Rowe, 'Jurassic stem-mammal perinates and the origin of mammalian reproduction', *Nature* **561**, 104–108, 2018。

代，至少演化出二十五種不同的哺乳動物族群。

這群哺乳動物敢於冒險，不容受到壓制。儘管在恐龍主宰世界的期間，哺乳動物的體型都不是很大，但是有些確實演化到了像負鼠、甚至像獾這樣的大小——大到足以偷走恐龍蛋和恐龍寶寶[226]，或許還迫使一些長了羽毛的小恐龍留在樹上，不敢下來。

如果他們真的留在樹上，就要跟至少兩種完全不同的哺乳動物共享棲地，這些哺乳動物後來演化成鼯鼠之類的物種[227]。水裡也不安全：八百克重的獺形狸尾獸（*Castorocauda*）有個像海狸一樣的扁平尾巴、毛茸茸的毛皮和尖銳的牙齒，非常適合在侏羅紀時代的池子裡潛水捕魚[228]。馬達加斯加曾經是一些稀有動物的天堂，膽小的幸運鼠（*Vintana*）與瘋狂獸（*Adalatherium*）[229]都是此地的住客，他們有一雙大眼睛和敏銳的嗅覺，對於掠食恐龍最細微的一舉一動都時時保持警惕[230]。

等到恐龍滅絕時，這些一度生氣蓬勃、充滿活力的哺乳動物也都消失殆盡，只有四個系譜倖存下來，分別是卵生的單孔目、有袋類、有胎盤的哺乳動物和多瘤齒獸。每一個系譜都有豐富的過往，其根源可以追溯到久遠之前的演化故事。

單孔目動物雖是卵生，但是會替幼崽哺乳，所以也算是哺乳動物。這個群體在今天的代表就是澳大利亞的鴨嘴獸與針鼴，是哺乳動物中一個非常古老系譜碩果僅存的奇特遺緒，他們從侏羅紀時期就發展出自己的演化路徑，在整個南方大陸都可以看得到[231]。

其他的哺乳動物——有胎盤的哺乳動物——大多完全放棄了產卵的習慣，在體內撫育數量較少的幼崽。哺乳動物的胚胎具有與羊膜卵相同的膜，只是沒有外殼，由母親自己承擔了

---

226 詳見 Hu *et al.*, 'Large Mesozoic mammals fed on young dinosaurs', *Nature* **433**, 149–152, 2005；A. Weil, 'Living large in the Cretaceous', *Nature* **433**, 116–117, 2005。

227 詳見 Meng *et al.*, 'A Mesozoic gliding mammal from north-eastern China', *Nature* **444**, 889–893, 2006。後來發現，這種生物——侏羅紀晚期在內蒙古出現的翔獸（*Volaticotherium*）——是屬於一群名為三尖齒獸（triconodonts）的動物。他們跟賊獸目不一樣，後者是非常古老的哺乳動物族群，後來也飛上天空；相關例證請參閱 Meng *et al.*, 'New gliding mammaliaforms from the Jurassic', *Nature* **548**, 291–296, 2017；Han *et al.*, 'A Jurassic gliding euharamiyidan mammal with an ear of five auditory bones', *Nature* **551**, 451–456, 2017。

228 詳見 Ji *et al.*, 'A swimming mammaliaform from the Middle Jurassic and ecomorphological diversification of early mammals', *Science* **311**, 1123–1127, 2006。

229 譯註：*Vintana* 在馬達加斯加語中代表「幸運」的意思，而 *Adalatherium* 則是結合了馬達加斯加語的「瘋狂」和希臘語的「野獸」所合成的新創字。

230 詳見 Krause *et al.*, 'First cranial remains of a gondwanatherian mammal reveal remarkable mosaicism', *Nature* **515**, 512–517, 2014；A. Weil, 'A beast of the southern wild', *Nature* **515**, 495–496, 2014；Krause *et al.*, 'Skeleton of a Cretaceous mammal from Madagascar reflects long-term insularity', *Nature* **581**, 421–427, 2020。

231 相關例證，請參閱 Luo *et al.*, 'Dual origin of tribosphenic mammals', *Nature* **409**, 53–57, 2001；A. Weil, 'Relationships to chew over', *Nature* **409**, 28–31, 2001；Rauhut *et al.*, 'A Jurassic mammal from South America', *Nature* **416** 165–168, 2002。

保護的職責，是一種無私的奉獻。有胎盤的哺乳動物跟單孔目動物一樣，其系譜可以追溯到很久以前，他們的祖先可能是在侏羅紀森林的樹枝上捕食昆蟲的小型爬樹生物[232]。

然而，有袋動物卻在單孔目那種下了蛋就不理的卵生與胎盤類哺乳動物的全面體內撫育之間，發展出一種精明的妥協之道。有袋動物雖然也在體內撫育幼崽，但是幼崽出生時其實跟胚胎差不多。一旦呱呱落地之後，小小生物就得爬過母親身上的皮毛森林，進入育兒袋，並且讓自己附著在乳頭上，然後在裡面安全地吃奶，發育到成熟。這項策略是為了適應難以覓食的惡劣環境。如果遭遇麻煩，懷孕的有袋動物還可以拋棄後代，然後等情況好轉時，再產下新的後代。

在化石紀錄中，有袋動物與胎盤哺乳動物一樣古老[233]，也同樣有悠久而輝煌的歷史。尤其是當他們被局限在島嶼大陸時，表現得特別好，發展出各種令人驚訝的形式。在新生代的大部分時間裡，他們將南美洲視為自己的封邑，並且與非常奇特的（有胎盤）貧齒動物共享領地——如樹懶、食蟻獸、犰狳及其盟友——不過，當時的統治者是袋劍虎（*Thylacosmilus*）之類的動物，還有他們的隨從有袋鬣狗（borhyaenids）。袋劍虎是有袋版的劍齒虎，而有袋鬣狗的體型與種類繁多，大小從狼到熊不等。當南北美洲的陸塊相撞時，來自北方的胎盤哺乳動物入侵，幾乎將他們消滅殆盡。

不過，有些南美洲的哺乳動物也不甘示弱地反擊，由巨型地懶和犰狳打頭陣，以負鼠為先鋒，展開反入侵行動，這個行動一直持續到今日，仍然在襲擊美國的垃圾桶。現在，大多數有袋動物都生活在澳洲，他們這種獨特的繁殖方式適合這片日益乾旱的乾燥大陸。

因此，當恐龍最終遭到滅絕時，哺乳動物經過一百萬年的演化磨練，早就練就一身功夫。他們像陳年香檳一樣事先搖勻，然後以不熟練的手法打開瓶塞，全面爆發出來。

然而，等待他們的，卻是緊接在末日之後這個世界的頂級掠食者——鳥類，也就是駭鳥（phorusrhachid）。這些不會飛的龐然大物是鶴與秧雞的親戚，頭骨跟馬的頭一樣大，看到那些有勇無謀的哺乳動物離開洞穴，立刻予以斬首，宛如暴龍再生。

最後，就連這些恐怖的掠食者也消失在古新世平原的塵埃中，而哺乳動物，尤其是胎盤哺乳動物，卻在體型與形態上都有所增長。然而，第一波增長浪潮似乎走得跌跌撞撞，

232 詳見 Bi *et al.*, 'An early Cretaceous eutherian and the placental-marsupial dichotomy', *Nature* **558**, 390–395, 2018；Luo *et al.*, 'A Jurassic eutherian mammal and divergence of marsupials and placentals', *Nature* **476**, 442–445, 2011；Ji *et al.*, 'The earliest known eutherian mammal', *Nature* **416**, 816–822, 2002。

233 詳見 Luo *et al.*, 'An Early Cretaceous tribosphenic mammal and metatherian evolution', *Science* **302**, 1934–1940, 2003。

不成氣候，彷彿他們還拿不定主意，未能確定其目的。如全齒類（pantodonts）和恐角獸（dinocerates）、熊犬類（arctocyonids）和中獸類（mesonychians）等動物——這些生物早就消失了——都結合了肉食動物和草食動物的特徵。全齒類和恐角獸都是最早長成大型動物的草食性哺乳動物，有些全齒類動物可以長到像犀牛那麼大，有些恐角獸的體型則宛如大象，儘管他們顯然是吃草的，卻長了令人望而生畏的犬齒[234]。熊犬類則是長了像熊的犬齒和像鹿的蹄子。

同樣模稜兩可的還有中獸類。巨型駭鳥的死對頭就是中獸類的安氏中獸（*Andrewsarchus*），也是一種可怕的生物，高度約莫到人類的肩膀，頭部的寬度有阿拉斯加棕熊的頭那麼長，恐怕可以將一頭狼的頭骨整個吸入到鼻孔中。他的腳上有蹄，看起來就像是一頭非常巨大、非常憤怒的豬[235]。

白堊紀末期的地球雖然有小行星，卻仍不失為一個溫暖宜人的地方，而且溫暖還持續下去。但隨著古新世的流逝，迎來了始新世，穩定的溫暖變成了酷熱，平原和林地成了叢林。第一波早期且模稜兩可的哺乳動物逐漸被其他有更清晰生活目標的哺乳動物所取代。有蹄類

——有蹄的哺乳動物——首次登場，但是在始新世的那些日子裡，他們體型小，看起來更像是松鼠，在高聳的樹木之間蹦蹦跳跳、竄來竄去，或許是為了躲避如泰坦巨蟒（*Titanoboa*）這樣的掠食者，這種巨蟒的體型有巴士那麼大[236]。

一些最早出現的偶蹄動物朝著你最想像不到的方向逃走了——他們回到水裡，變成了鯨，而且還是抱著滿腔熱情回去的。從演化的角度來看，這一步走得非常匆忙。

這些在陸上奔跑的掠食動物——例如像狼一樣的巴基鯨（*Pakicetus*）以及像狐狸一樣大小的魚中獸（*Ichthyoleste*）——身上出現的第一個類似鯨的跡象，就是長了牙齒的長頜，這是

---

234 全齒類和恐角獸一度被歸類為鈍足類（amblypods）的群體。我在讀大學時發現這件事，迷上了這個名字，所以當天就打電話給我母親，跟她說這個事實（那是從公用電話打的電話，當時手機還不普及）。我跟她說，曾經有一群行動遲緩的大型草食動物，很像犀牛或河馬，被稱為鈍足類動物。「那太好了，親愛的，」我母親說，「你可以想像他們搥胸頓足的樣子。」

235 有關哺乳動物演化的優良指南，請參閱 D. R. Prothero, *The Princeton Field Guide to Prehistoric Mammals* (Princeton: Princeton University Press, 2017)。

236 詳見 Head *et al.*, 'Giant boid snake from the Palaeocene neotropics reveals hotter past equatorial temperatures', *Nature* **457**, 715–717, 2009；M. Huber, 'Snakes tell a torrid tale', *Nature* **457**, 669–671, 2009。

食魚動物身上常見的特徵；另外就是內耳解剖結構中的各種皺紋，可能是為了在水中聽見聲音[237]。另外一種更明顯是水生動物的走鯨（*Ambulocetus*），則比較像是海獅或水獺，四肢較短（不過仍然功能齊全）[238]。

但是過了沒多久，鯨就完全變成水生動物了，例如，長達二十公尺的龍王鯨（*Basilosaurus*），他們身上的每一吋都是傳說中盤繞的海蛇，不過卻保留了小小的後肢遺緒，算是對陸地祖先的記憶[239]。

此後，他們的發展就勢如破竹。鯨取代了巨型海蜥蜴——自從蛇頸龍與滄龍在白堊紀末期滅絕以來，這個生態棲位就一直空著。他們成為非常成功的哺乳動物，是所有動物中最聰明的，而且藍鯨還是生物演化過程中產生的最大型動物。跟這種轉變本身比起來，更引人注目的，或許是改變的速度——在短短八百萬年內，他們就從完全陸生、像狗一樣在陸地上奔跑的動物，搖身一變，成為百分之百的海洋生物[240]。

另一個轉變或許更令人震驚，因為它似乎抹去了幾乎所有曾經發生過的痕跡。白堊紀時期，非洲與南美洲分離，使非洲成為一個島嶼大陸，與外界隔絕了約四千萬年。

在非洲的早期食蟲類胎盤哺乳動物也因此獨立演化成各種不同的物種，範圍之廣，幾乎看不出他們共同祖先的外在標誌[241]。他們也確實達成了多樣化，有的變成雄偉的大象；有的變成水生的海牛類動物，例如儒艮和海牛；有的成了土豚、馬島蝟、金鼴、象鼩和蹄兔。所有這些都屬於非洲獸總目（Afrotheria），與更北方的勞亞獸總目（Laurasiatheria）——其中包括有蹄類動物、鯨、肉食動物、蝙蝠、穿山甲和其他的食蟲動物——成為平行發展的兩條演化路線。

在每一種分類中，總會有一群剩下來的物種。以哺乳動物而言，這些動物就是靈長總目（Euarchontoglires）——各色各樣的好鬥之徒，包括大鼠、小鼠、兔子，還有——這幾乎看似後見之明——靈長類動物。這些小巧而善於跳躍的生物，擁有向前看的眼睛、彩色視覺、好奇的大腦與善於探索的雙手，從始新世高聳入雲的熱帶森林向外張望，凝視著一個快速變化的世界。

---

237 詳見 Thewissen *et al.*, 'Skeletons of terrestrial cetaceans and the relationship of whales to artiodactyls', *Nature* **413**, 277–281, 2001；C. de Muizon, 'Walking with Whales', *Nature* **413**, 259–260, 2001。

238 詳見 Thewissen *et al.*, 'Fossil evidence for the origin of aquatic locomotion in archaeocete whales', *Science* **263**, 210–212, 1994。

239 詳見 Gingerich *et al.*, 'Hind limbs of Eocene *Basilosaurus*: evidence of feet in whales', *Science* **249**, 154–157, 1990。

240 關於鯨的演化史，請參閱 J. G. M. 'Hans' Thewissen, *The Walking Whales: From Land to Water in Eight Million Years* (Oakland: University of California Press, 2014)。

241 詳見 Madsen *et al.*, 'Parallel adaptive radiations in two major clades of placental mammals', *Nature* **409**, 610–614, 2001。

# 時間軸（四）哺乳動物的年代

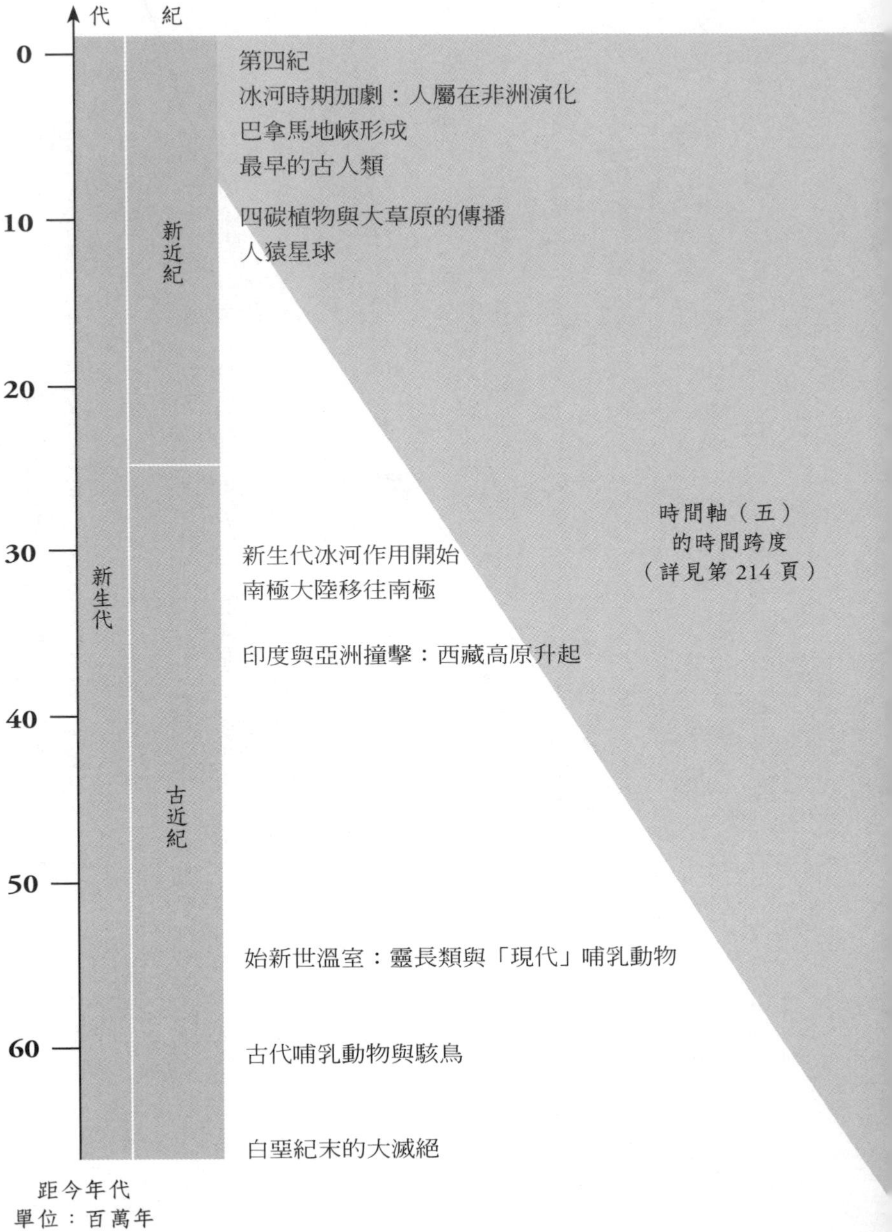
代
紀
0
10
20
30
40
50
60
新生代
新近紀
古近紀
第四紀
冰河時期加劇：人屬在非洲演化
巴拿馬地峽形成
最早的古人類
四碳植物與大草原的傳播
人猿星球
新生代冰河作用開始
南極大陸移往南極
印度與亞洲撞擊：西藏高原升起
始新世溫室：靈長類與「現代」哺乳動物
古代哺乳動物與駭鳥
白堊紀末的大滅絕
時間軸（五）
的時間跨度
（詳見第 214 頁）
距今年代
單位：百萬年

# 09

# 人猿星球

大陸漂移的排程既無情又緩慢。大約三千萬年前，南極大陸脫離了盤古大陸，並且向南漂移到很遠的地方，完全被海洋包圍。這單一事件對地球氣候的影響既深且遠。這是洋流第一次有機會不間斷地圍繞著新大陸打轉，而這股洋流阻止了熱帶地區的溫暖海水流到當時氣候溫和的南極洲海岸。橫貫南極山脈（Transantarctic Mountains）是地球上最險峻的山脈之一，參差崎嶇的山頭覆蓋著樹木，山上籠罩著一股寒意。

有一年，冬天下的雪到了隔年春天尚未完全融化，於是一整年的雪都堆積在地上。就這樣過了一個又一個世紀，雪上加雪，堆起了更多的雪，壓碎成無法融化又不間斷的冰。高山深谷中開始形成冰川。

隨著南極大陸持續向南漂移，盛夏的太陽變得愈來愈低，冬季的夜晚也愈來愈長。到最後，冬天的太陽根本無法升起，整個大陸在黑暗中度過了整整六個月。冰川愈長愈廣，終於將孕育冰川的山谷，乃至於整個山頭，都淹沒在冰裡。冰牆深入低地，抹滅了一路上所有的生命；海岸線沒有障礙，冰川長驅直入，進入海洋，在海上形成冰棚，導致冰山崩解，進一步冷卻大陸周邊的海水。

在短短幾百萬年間，曾經鬱鬱蔥蔥的大陸變成了乾燥、冰冷的沙漠，除了最原始的生命——地衣、苔蘚——之外，其他一切生物都無法生存；即便如此，也只有在陸塊的最北邊、也是最受到庇護的地點，才能看到生物的跡象。然而，陸地周圍的海洋裡卻充滿了生命。

在遙遠的北方也有類似的故事，不過說也奇怪，正好是相反的故事。北部大陸持續向北漂移，包圍了北冰洋，因此南方的溫暖海水很少能夠抵達這裡，於是北方的海上開始形成永久冰帽，彷彿在模仿遙遠南方陸地上的那塊更大的冰帽。經過數百萬年完全沒有極地冰層的日子之後，永久冰帽又重返地球。

全世界都感受到此事的後果。這個世界上，曾經有一度是幾乎所有的地方都氣候宜人，但是在兩極和熱帶之間的氣候梯度卻出現了陡峭的變化。天氣變了，起風了，氣候顯得變化多端、更具季節性，而且更冷。

這標誌著第一批靈長類動物稱之為家園的叢林星球就要終結了[242]。

---

242 最原始的靈長類動物——原猴（prosimians）——包括今天的狐猴（僅限於馬達加斯加）和一些其他動物，例如嬰猴（bushbabies）和眼鏡猴（tarsiers）等。已知最早的眼鏡猴出現於五千五百萬年前，這表示類人猿（anthropoids）——包括猴子、猿和人類——也同樣存在。（詳見 Ni *et al.*, 'The oldest known primate skeleton and early haplorhine evolution', *Nature* **498**, 60–63, 2013）。已知最早的類人猿代表，也來自始新世，當時就已經非常多樣化，顯示其歷史悠久。（詳見 Gebo *et al.*, 'The oldest known anthropoid postcranial fossils and the early evolution of higher primates', *Nature* **404**, 276–278, 2000；Jaeger *et al.*, 'Late middle Eocene epoch of Libya yields earliest known radiation of African anthropoids', *Nature* **467**, 1095–1098, 2010）。到了漸新世，至少是兩千五百萬年前，類人猿又分裂成猴與猿兩個分支。（詳見 Stevens *et al.*, 'Oligocene divergence between Old World monkeys and apes', *Nature* **497**, 611–614, 2013）。

叢林分裂成孤立的破碎林地，其間開始出現大片平原，覆蓋著一種新的植物——草[243]。草是由下而上生長，而不是由上而下，因此可以不斷地收割而不會被殺死。動物很快就學會了利用這種奇怪的新禮物，然後演化成草食動物。但是吃草比啃食叢林樹木的嫩葉更加困難，動物以前也嚐試過。草富含二氧化矽，這種礦物質在動物咀嚼時會磨掉他們的牙齒。

有蹄類動物早就演化出在森林啃食樹葉的能力，現在又長出更深的頷和多個尖銳的牙齒，能夠咀嚼這種粗礪的食物。隨著他們的演化、成長，平原在馬蹄和巨大犀牛的腳下響起了雷鳴。

曾經在非洲沼澤與濕地求生的小型類河馬生物的後代，遷徙到乾燥堅硬的土地上，變成了大象。隨著時光流逝，他們變得愈來愈強壯，體型也愈來愈龐大，最後來到了大草原。跟著這些草食動物的腳步，隨之而來的，則是掠食性動物。

靈長類動物也適性演化了。儘管大多仍生活在日益萎縮的森林中，過著愈來愈邊緣化的生活，但有些靈長類卻開始嘗試下地，補充樹上生活之不足。他們也像有蹄類動物一樣，體型變得更大：原本在樹上跳來跳去的猴類，變成了比較緩慢從容的猿類。

到了中新世，舊世界已成為人猿星球。稀疏的林地及其周邊的旱地，響起了他們的叫聲。歐蘭猿（*Ouranopithecus*）[244]在希臘；安卡拉古猿（*Ankarapithecus*）[245]在土耳其；森林古猿（*Dryopithecus*）在中歐；原康修爾猿（*Proconsul*）、肯亞古猿（*Kenyapithecus*）和脈絡猿（*Chororapithecus*）則在非洲，而且脈絡猿的一個親戚也在非洲演化成大猩猩[246]。另外，在中國的森林裡還有祿豐古猿（*Lufengpithecus*），在南亞也有西瓦古猿（*Sivapithecus*），後者的親戚

---

243 有些熱帶草利用一種迄今很少使用的光合作用方式，生化學家稱之為「四碳途徑」（C4 pathway）。這種方法很少使用，是因為這比大多數植物使用的「三碳途徑」更複雜。然而，四碳途徑可以更有效地利用二氧化碳，因此當大氣中的二氧化碳含量豐富時，使用四碳途徑的價值就減少了。但是植物或許感知到地球大氣層的長期變化，也就是說，二氧化碳含量會緩緩遞減。相關例證，請參閱 C. P. Osborne and L. Sack, 'Evolution of C4 plants: a new hypothesis for an interaction of CO2 and water relations mediated by plant hydraulics', *Philosophical Transactions of the Royal Society of London* B **367**, 583–600, 2012。

244 詳見 De Bonis *et al.*, 'New hominid skull material from the late Miocene of Macedonia in Northern Greece' *Nature* **345**, 712–714, 1990。

245 詳見 Alpagut *et al.*, 'A new specimen of *Ankarapithecus meteai* from the Sinap Formation of central Anatolia', *Nature* **382**, 349–351, 1996。

246 詳見 Suwa *et al.*, 'A new species of great ape from the late Miocene epoch in Ethiopia', *Nature* **448**, 921–924, 2007。

最後撤退到了最後的叢林，並且經由泰國的呵叻古猿（*Khoratpithecus*）[247]，變成了紅毛猩猩。

有些猿類體型太大，無法再沿著過去曾經被他們視為公路的樹枝奔跑[248]。於是他們演化出各種不同的姿態，例如用長臂懸掛在樹枝下，或者混合攀與爬的動作。隨著時間的推移，有些猿類，例如來自中歐的河神猿（*Danuvius*），就開始站得更直了[249]。

從長遠來看，並非所有嘗試都完全成功。例如：山猿（*Oreopithecus*），他們被困在地中海的一座島嶼上——這裡後來就變成義大利的托斯卡尼——也曾經嘗試直立行走[250]。不過，最後是滅絕了。

但是地球還是冷卻了。森林面積進一步萎縮，迫使大部分殘存的猿類轉進中非和東南亞密林深處的叢林尋求庇護[251]。對於其他的猿類來說，幾乎沒有什麼選擇：最終被逐出伊甸園或者慘遭滅絕。這些難民幾乎沒有帶走任何東西，只有用後肢站起來行走的傾向。

七百萬年前，伊甸園的後裔就已經擅長行走更甚於攀爬。日漸寒冷的氣候讓猴類變成了猿類，然後猿類又變成其他動物。正如同過去經常發生的情況，原來已經陷入沉睡的地球又開始不安分，掀開生命的薄被，而生命則竭盡全力地堅持下去。在遠超過任何人想像的強大力量驅使之下，殘存的猿類走上了通往人類的漫長旅程，邁出了第一步。

直立行走是古人類——人類系譜——的最早標誌，那是一種習慣而非只是偶一為之[252]。

---

247 詳見 Chaimanee *et al.*, 'A new orangutan relative from the Late Miocene of Thailand', *Nature* **427**, 439–441, 2004。

248 其中最大的猿類或許是更新世生長在東南亞的巨猿（*Gigantopithecus*），他們的體型是大猩猩的兩倍——不過這也很難估計就是了，畢竟我們也只看過他們的牙齒和上下頜的碎片。一份針對牙齒琺瑯質上的蛋白質研究顯示，他們跟紅毛猩猩有親屬關係。請參閱 Welker *et al.*, 'Enamel proteome shows that *Gigantopithecus* was an early diverging pongine', *Nature* **576**, 262–265, 2019。

249 詳見 Böhme *et al.*, 'A new Miocene ape and locomotion in the ancestor of great apes and humans', *Nature* **575**, 489–493, 2019；另外還有一篇評論，Tracy L. Kivell, 'Fossil ape hints and how walking on two feet evolved', *Nature* **575**, 445–446, 2019。

250 詳見 Rook *et al.*, '*Oreopithecus* was a bipedal ape after all: evicence from the iliac cancellous architecture', *Proceedings of the National Academy of Sciences of the United States of America* **96**, 8795–8799, 1999。

251 在美洲大陸始終都沒有猿類。猿類是從舊世界的猴類演化而來的；新世界的猴類只是他們的遠親，可能是在始新世從非洲來到美洲的移民演化出來的。（詳見 Bond *et al.*, 'Eocene primates of South America and the African origins of New World monkeys', *Nature* **520**, 538–541, 2015）。他們跟舊世界的表親之間最大的差別在於保留了長尾巴，經常用來抓取物品，像是第五肢的功能。或許也是因為如此，美洲的猴類始終都還是猴子，沒有演化成猿類甚或完全在地面生活的形式，例如在舊世界幾乎沒有尾巴的獼猴。

252 我應該添加一條註釋，以消除「古人類」（hominins）和「原始人類」（hominids）這兩個名詞之間的混淆。「原始人類」一詞過去是指人科動物（Hominidae）中的任何成員，包括現代人類以及任何已經滅絕的人類親戚，只要血緣上不是跟猩猩科（Pongidae）的類人猿或猩猩更接近的都算在內。近年來的研究比較清楚的指出，猩猩科動物並未形成一個「自然」群體，也就是說，所有成員都完全擁有一個共同祖先的群體。原來人類與黑猩猩的關係比二者與大猩猩的關係都還要更接近，至於紅毛猩猩的關係就更遙遠了。也就是說，猩猩科動物並沒有共同的祖先，其中也不包含人科的祖先。為了解決這個問題，人科的定義已擴大到包括所有類人猿和人類；至於「古人類」一詞（是人亞科的人族下人亞族的成員）則是指現代人類以及任何已經滅絕的人類親戚，只要血緣上不是更接近黑猩猩的都算在內——這也是我在本書中使用的最早的古人類出現於中新世晚期，距今約七百萬年前，其中之一是查德沙赫人（*Sahelanthropus tchadensis*）[253]，那是一種在西非查德湖沿岸覓食的生物。這個地區曾經是一片鬱鬱蔥蔥，是世界上最廣闊的湖泊之一。但是這個時候，氣候變得乾燥的趨勢有增無減：湖泊已經縮小到只剩下一點點遺跡，周圍地區也變成寸草不生、無法生存的沙漠[254]。查德沙赫人並不孤單。大約五百萬年前，東非還有其他的兩足動物，例如衣索匹亞的卡達巴地猿（*Ardipithecus kadabba*）[255]和肯亞的圖根原人（*Orrorin tugenensis*）[256]。對於靈長類動物來說，直立行走，就跟人類在史前時代的大多數其他創新一樣，都是從非洲開始的[257]。

對我們來說，站起來走路是那麼簡單、自然的一件事，所以我們都認為這是理所當然的。許多哺乳動物也可以短暫站立，甚至行走，但是這樣很費力，因此他們很快就會恢復到四肢著地的狀態，也是典型的哺乳動物狀態[258]。古人類則不同。直立行走是他們的預設行為——相較之下，四肢著地、手腳並用的走路，既不自然，也很困難。七百萬年前，一支生活在非洲河邊、林間的猿類系譜學會用兩隻腳走路，這是整個生命史上最了不起、最不可能、也最令人費解的一件事，整個身體結構必須從頭到腳徹底地重新設計。

以頭部來說，脊髓進入頭顱的孔洞從背部（在四足動物中就是如此）轉移到底部。就算沒有其他特徵，光是這個特徵就足以將查德沙赫人標記為古人類。這表示當他用後肢行走時，臉

---

定義。有些衝突的用法讓人更混淆。現在，有些研究人員以這個定義來使用「古人類」一詞，而另外一批研究人員則堅持使用「原始人類」，並且隨著時間推移，這兩批人之中又有一些人改變了主意，使得閱讀我提到的一些文獻會有些困惑。

253 詳見 Brunet *et al.*, 'A new hominid from the Upper Miocene of Chad, Central Africa', *Nature* **418**, 145–151, 2002；Vignaud *et al.*, '*Geology* and palaeontology of the Upper Miocene Toros-Menalla hominid locality, Chad', *Nature* **418**, 152–155, 2002。另外 Bernard Wood 也寫了一篇評論，'Hominid revelations from Chad', *Nature* **418**, 133–135, 2002。

254 發現查德沙赫人頭顱的人將其命名為「Toumaï」，在戈蘭語（Goran）中——也就是在這片不毛之地堅持生存下來的人所說的語言——表示「生命的希望」。

255 詳見 Haile-Selassie *et al.*, 'Late Miocene hominids from the Middle Awash, Ethiopia', *Nature* **412**, 178–181, 2001。

256 詳見 Pickford *et al.*, 'Bipedalism in *Orrorin tugenensis* revealed by its femora', *Comptes Rendus Palevol* **1**, 191–203, 2002。

257 從五百萬年前開始迄今，人類演化的證據大多都是在非洲的一個狹長地帶中發現的，從南部的馬拉威延伸到北部，穿過坦尚尼亞、肯亞和衣索比亞，也就是東非大裂谷，地殼的兩部分被板塊構造以指甲生長的速度撕裂時形成的一條裂縫，而且還慢慢的持續擴大。裂谷上的巨大土石塌陷，掉進不斷擴大的空間：雨水和陽光的作用將其侵蝕成沉積物。當板塊分開時，岩漿從地殼下噴出並冒泡，形成火山。河流與湖泊在谷底不斷地形成、合併、擴張和收縮。沉積作用、湖泊和火山的結合是形成化石的理想條件，人類演化的絕大部分證據都是從肯亞、坦尚尼亞和衣索比亞裂谷的湖岸沉積物中收集到的。其餘大部分來自一個古老又受到侵蝕的石灰岩洞穴，位在南非的某個小地方，稱之為「人類搖籃」。洞穴裡沉積物的年代是出了名的難以測定，不過最近已經有了一些進展。相關例證，請參閱 Pickering *et al.*, 'U-Pb-dated flowstones restrict South African early hominin record to dry climate phases', *Nature* **565**, 226–229, 2019。地球仍然在移動，而且一直都在移動：在幾百萬年後，裂谷以東的非洲將脫離母體大陸，海水會灌進這個空缺，因此裂谷是一個還在誕生中的新海洋；這很像三疊紀末期北美東部的裂谷，後來形成了大西洋，只不過少了一些戲劇性的事件。

258 人類的小嬰兒也是這種狀態。

部是向前的，而不是向上，看著天空；而且頭顱在脊椎頂部保持平衡，而不是懸在脊椎的一端。對身體其他部位的影響也是同樣深遠。當脊椎在五億年前演化出來時，以拉伸的狀態保持水平；到了古人類，脊椎轉了九十度，改以壓縮方式保持垂直。自從脊椎首次演化以來，其工程需求就沒有發生過更徹底的改變，頂多只能視為適應不良——背部問題是當今人類最昂貴、也最常見的一個病因。恐龍在以雙腳站立方面取得了巨大成功，不過他們卻是以不同的方式做到了這一點——他們的脊椎依然保持水平，只是用僵硬的長尾巴平衡身體。但是古人類和猿類一樣，沒有尾巴，必須更費力地站起來走路。

對於懷孕的女性來說，情況更糟，她們必須適應日益不穩定且不斷變化的負荷——這種情況在人類演化中留下了印記。難怪在人類歷史的大部分時間裡，成年女性（她們背負著延續物種的重責大任）一生中的大部分時間都在懷孕或哺乳[259]。更糟糕的是：古人類的腿在整體身高中所佔的比例往往更長，比猿類高。更長的腿運動起來會更有效率，不過必須付出代價。胎兒離地的高度甚至比實際需要的高度更高，也因此而提高了整體重心，增加了不穩定性。

還不只如此，古人類在移動時，必須抬起一條腳，急劇轉移重心，然後在摔倒之前及時調整——而且每一步都必須這樣做。這需要相當程度的控制，其中大腦、神經與肌肉必須完美協調，只是我們從來不曾意識到。

最早的古人類與其他動物共享這個世界，但是跟這些動物相比，他們表面上看似柔弱，其實是動物王國的精英噴射戰鬥機。四足動物可以向前急奔，甚至快速轉彎，但是這種行為通常需要轉矩來驅動，這時候就必須擺動他們的長尾巴，就像獵豹捕獵時一樣[260]。一般來說，四個角落都有一條腿的動物就像吃苦耐勞的貨機，只要朝著正確的方向，就會持續勇敢地飛行。沒有這些輔助工具的人類則像戰鬥機——幾乎是不可思議地易於操縱，但是得犧牲一點穩定性：只有最優秀的飛行員才能駕駛速度最快的噴射機。古人類不僅能像恐龍一樣站起來走路，還會跳舞、昂首闊步、原地打轉，甚至踮著腳尖旋轉。

用雙腳走路最後獲得相當可觀的成果，但是更神奇的是：這是從哪裡開始的呢？其實這反而證明了動物不太可能用雙腳走路的命題，因為古人類是極少數能將雙腳行走納入正常生活一部分的哺乳動物[261]——若是有人突然失去了一隻後肢，就會感到非常的無助與憤怒，由此可見用雙腳走路是多麼的稀罕[262]。一旦古人類走上了這個通往雙腳行走的罕見道路，天擇就確

---

259 詳見 Whitcome *et al.*, 'Fetal load and the evolution of lumbar lordosis in bipedal hominins', *Nature* **450**, 1075–1078, 2007。

260 相關例證請參閱 Wilson *et al.*, 'Biomechanics of predator-prey arms race in lion, zebra, cheetah and impala', *Nature* **554**, 183–188, 2018；以及 Biewener 的附帶評論 'Evolutionary race as predators hunt prey', *Nature* **554**, 176–178, 2018。

261 其他以雙腳行走的哺乳動物包括袋鼠和各種會蹦蹦跳跳的囓齒動物，例如跳鼠；但是袋鼠借助長尾巴保持直立姿勢，而跳躍的囓齒動物往往會同時使用雙腳跳躍。

262 這是二〇一八年八月，當我在家裡發生一點小意外，導致腳踝骨折時，才發現了一些事情。這個事故讓我陷入完全無助。還好有國家醫療服務體系這個複雜而龐大到幾乎難以理解的機構提供即時照顧，才稍微改善了這個狀態；過程中總共動用了一輛救護車、一家設備齊全的教學醫院、急救人員、護理師、麻醉師、外科醫生，更不用說有一大群支援的工作人

保他們必須能夠走得很好，而且走得很快。

人類行走是現代世界中最被低估的奇蹟之一。如今，科學家能夠梳理出次原子粒子的結構，並偵測到數百萬光年外黑洞合併時發出的轟隆嘎吱聲，甚至能夠窺探宇宙的起源。然而，到目前為止，還沒有任何人發明出一個機器人，能夠模仿普通人行走時的自然優雅與運動能力。

問題依然存在——**為什麼**要用雙腳走路？簡單的說，猿類在數百萬年來嘗試過許多特殊的運動方式，雙腳行走只是其中之一，其他方式包括使用長臂擺動，如長臂猿；將四肢都當成手來攀爬，如紅毛猩猩；還有黑猩猩和大猩猩用四隻腳的指關節走路。但是為什麼古人類會嘗試用雙腳行走，而不是選擇任何其他方式從一個地方到另一個地方呢？這仍然是一個懸而未決的問題。當然，在野地生活不需要用雙腳走路。許多大型猴子，如獼猴和狒狒，生活在開闊的鄉野，都還是用四隻腳牢牢地踩在堅硬乾燥的地上。

有人認為用雙腳行走就可以空出雙手來從事其他事情，例如製作工具或抱嬰兒，但是這種說法站不住腳，因為許多動物並沒有像古人類這樣費盡心思地徹底改成以雙腳行走，也能做到以上這兩件事。就最早期的古人類而言，最多可以說他們可能已經在某種程度上預先適應了這種方式，因為他們已經開始在樹上採用一種直立的攀爬方式，之後在地上直立行走就不需要改變這麼多。對他們來說，行走可能就像在樹上攀爬——只是沒有樹枝而已。

不管怎麼說，有許多仍然保留了攀爬的能力。以四百四十萬年前生活在衣索匹亞最早的始祖地猿（*Ardipithecus ramidus*）[263]為例，他們的腳上有分叉的大腳趾，就像拇指一樣，表示有抓握的能力——顯示這種生物更適應在樹上生活，而不是在樹下的樹蔭[264]。另一個物種，四百二十萬至三百八十萬年前生活在東非的南方古猿湖畔種（*Australopithecus anamensis*），在許多方面同樣很原始，但是已經能夠更穩健地站在地上了[265]。

員——等我出院後，還有物理治療師；另外從紅十字會借到的輪椅；還有（主要是）長期受苦受難的吉夫人的悉心照顧，也至少在一定程度上讓她決定去念一個護理學位，專門研究有學習障礙的患者（很奇怪吧）。國家醫療服務體係不僅在英國，甚至在整個歐洲，都是最大的僱用單位，消耗了英國公共支出的很大部分。如果沒有這樣的後援，在非洲大草原上扭斷腳踝的早期古人類，很可能會因此喪命，成了其他動物的食物。

263 詳見 White *et al.*, '*Australopithecus ramidus*, a new species of early hominid from Aramis, Ethiopia', *Nature* **371**, 306–312, 1994。

264 詳見 A. Gibbons, 'A rare 4.4-million-year-old skeleton has drawn back the curtain of time to reveal the surprising body plan and ecology of our earliest ancestors', *Science* **326**, 1598– 1599, 2009。

265 詳見 Leakey *et al.*, 'New four-million-year-old hominid species from Kanapoi and Allia Bay, Kenya', *Nature* **376**, 565–571 (1995)；

南方古猿湖畔種與一系列其他類似物種在時間上有重疊。其中一種南方古猿阿法種（*Australopithecus afarensis*）在四百萬至三百萬年前居住在同一個地區[266]，是一種更適合兩足行走的動物。他們是所有早期古人類中最成功的一種，因為分布範圍超出了東非，甚至遠到西邊的查德都還能發現他們的蹤跡[267]。無論他們走到哪裡，都像我們現在一樣直立行走[268]，而且仍然保有不弱的攀爬能力[269]。

所有這些證據都不應該讓人以為：有一系列更適應雙腳行走的物種，以某種預定的方式，井然有序地取代前一個物種。這些古人類稀疏地分布在東非的大草原上，他們更喜歡生活在混合環境中——有草地、有木質灌木叢，也有靠近水源的陰涼林地[270]——有些物種比其他物種更喜歡在樹上生活。一直到三百四十萬年前，有一種住在樹上、類似地猿的古人類，仍然在樹林中徘徊[271]。

對於所有這些早期的古人類來說，直立行走是日常生活的一部分，另外還包括了攀爬，也許也像今天的猿類一樣，在樹上築窩。這種混合方式不只局限在生活環境，也延伸到他們的飲食。除了靈長類動物的傳統飲食，如水果、嫩葉和昆蟲等，一些古人類開始將堅果和塊莖等較硬的食物納入菜單。這樣的演化反應導致了類似草原有蹄類動物的變化：張開的顴骨以容納巨大的咀嚼肌肉、深頷，還有像是墓碑般的牙齒。有幾個物種具備這種高度特化的類型，可以大致歸類為傍人屬（*Paranthropus*），大約在兩百六十萬至六十萬年前出現在非洲。

這些典型的草原生物與更廣義的古人類生活在一起——各種物種的南方古猿和我們自己的人屬（*Homo*）[272]——其中有些已經愛上更美味多汁的食物。

---

Haile-Selassie *et al.*, 'A 3.8-million-year-old hominin cranium from Woranso-Mille, Ethiopia', *Nature* **573**, 214–219, 2019；F. Spoor, 'Elusive cranium of early hominin found', *Nature* **573**, 200–202, 2019。

266 詳見 Johanson *et al.*, 'A new species of the genus *Australopithecus* (Primates, Hominidae) from the Pliocene of Eastern Africa', *Kirtlandia* **28**, 1–14, 1978。在同一時期，至少還有其他兩種已知的物種居住在同一個地區。請參閱 Haile-Selassie *et al.*, 'New species from Ethiopia further expands Middle Pliocene hominin diversity', *Nature* **521**, 483–488, 2015；F. Spoor, 'The Middle Pliocene gets crowded', *Nature* **521**, 432–433, 2015；Leakey *et al.*, 'New hominin genus from eastern Africa shows diverse middle Pliocene lineages', *Nature* **410**, 433–440, 2001；D. Lieberman, 'Another face in our family tree', *Nature* **410**, 419–420, 2001。

267 那裡還有一種非常類似的生物，叫做南方古猿羚羊種（*Australopithecus bahrelghazali*）；請參閱 Brunet *et al.*, 'The first australopithecine 2,500 kilometres west of the Rift Valley (Chad)', *Nature* **378**, 273–275, 1995。

268 在坦尚尼亞的來托里（Laetoli）考古遺址，發現了古人類在濕火山灰中留下了足印，並且保存下來。足跡顯示古人類的足印出現在兩個不同的地方，其中一個是一人獨行；另外一個古人類則顯然有小孩隨行，可能是跟著成年人走。請參閱 M. D. Leakey and R. L. Hay, 'Pliocene footprints in the Laetolil Beds and Laetoli, northern Tanzania', *Nature* **278**, 317–323, 1979。

269 話雖如此，目前最完整的樣本碎片——也就是著名的頭骨「露西」——顯示她可能是從樹上摔下來受傷而死的。請參閱 Kappelman *et al.*, 'Perimortem fractures in Lucy suggest mortality from fall out of a tree', *Nature* **537**, 503–507, 2016。

270 詳見 Cerling *et al.*, 'Woody cover and hominin environments in the past 6 million years', *Nature* **476**, 51–56, 2011；C. S. Feibel, 'Shades of the savannah', *Nature* **476**, 39–40, 2011。

271 詳見 Haile-Selassie *et al.*, 'A new hominin foot from Ethiopia shows multiple Pliocene bipedal adaptations, *Nature* **483**, 565–569, 2012；D. Lieberman, 'Those feet in ancient times', *Nature* **483**, 550–551, 2012。

272 人屬包括南方古猿和人的各種物種，例如南方古猿加里種（*Australopithecus garhi*），請參閱 Asfaw *et al.*, '*Australopithecus*

約莫在三百五十萬年前的某個時候，有些早期的古人類開始喜歡吃肉，通常是在其他動物吃剩的獵物中分一杯羹，因為沒有任何一個早期的古人類擁有利齒或利爪，可以跟獅子或獵豹一較高下——不過他們已經開始鑿岩，製造鋒利的工具，並發展出屠宰的技術[273]。

最早的工具無非只是敲碎的石頭[274]，但是對人類生活卻造成深遠的影響。靈長類動物有敏銳的雙眼視覺，是從始新世那些在樹上生活的祖先遺傳下來的，再加上日常行走時可以空出雙手來投擲石塊，讓他們可以攻擊正在飽餐一頓的獅子，打得他們頭破血流，或是將禿鷹從屍體上驅散。甚至在發展出烹飪技術之前，還可以使用這些簡單的石器工具切肉和搗碎蔬菜，增加了生物可利用的營養[275]，因為他們必須絞盡腦汁來抵禦飢餓的永久威脅。肉類以及利用石頭敲碎長骨所釋放出來的骨髓，都富含重要的蛋白質和脂肪，比需要不斷咀嚼的鬚根和堅果更容易消化。食用肉類與脂肪的古人類演化出較小的牙齒和較小的咀嚼肌，省下來的能量則用來發育更大的腦；而省下來的時間，除了收集和咀嚼食物之外，還有餘裕來做其他事情。

然而，飢餓從未遠離。有些古人類在閒暇時突然想到，如果是新鮮捕獲的肉，而不是仰賴其他動物已經咀嚼過的殘渣，食物可能會更美味多汁，於是學會了製作更好的石器工具。

最重要的是，他們邁出了革命性的一步，就像他們現在遙遠的森林祖先站起來一樣：他們學會了奔跑。

---

garhi: a new species of early hominid from Ethiopia', *Science* **284**, 629–635, 1999；南方古猿泉源種（*Australopithecus sediba*），請參閱 Berger *et al.*, '*Australopithecus sediba*: a new species of *Homo*-like australopith from South Africa', *Science* **328**, 195–204, 2010；巧人（*Homo habilis*）和人屬魯道夫種（*Homo rudolfensis*），請參閱 Spoor *et al.*, 'Reconstructed *Homo habilis* type OH7 suggests deep-rooted species diversity in early *Homo*', *Nature* **519**, 83–86, 2015；還有納萊蒂人（*Homo naledi*），請參閱 Berger *et al.*, '*Homo naledi*, a new species of the genus *Homo* from the Dinaledi Chamber, South Africa', *eLife* 2015; 4: e09560。所有這些生物之間的關係是一個頗有爭議的問題。雖然「人屬」這個稱謂最初是為了反映更大的大腦尺寸和技術能力（請參閱 L. S. B. Leakey, 'A New Fossil Skull from Olduvai', *Nature* **184**, 491–493, 1959 和 Leakey *et al.*, 'A New Species of the Genus *Homo* from Olduvai Gorge', *Nature* **202**, 7–9, 1964），但是石器工具的發現明顯早於最早的人屬——三百三十萬年前左右——讓這種區分受到質疑。事實上，有一個很好的例子證明，最早期的人屬物種與南方古猿的差異太小，不值得區分；請參閱 B. Wood and M. Collard, 'The Human Genus', *Science* **284**, 65–71, 1999。

273 詳見 Harmand *et al.*, '3.3-million-year-old stone tools from Lomekwi 3, West Turkana, Kenya', *Nature* **521**, 310–315, 2015；E. Hovers, 'Tools go back in time', *Nature* **521**, 294–295, 2015；McPherron *et al.*, 'Evidence for stone-tool-assisted consumption of animal tissues before 3.39 million years ago at Dikika, Ethiopia', *Nature* **466**, 857–860, 2010；D. Braun, 'Australopithecine butchers', *Nature* **466**, 828, 2010。

274 最早期的工具並不比今天黑猩猩使用的工具複雜，而且很難跟其他在自然過程碎裂的岩石區分。事實上，已知有多種靈長類動物——不僅僅是古人類——會挑選鵝卵石，然後拿到特定區域使用。其中有些製品跟早期古人類的工具幾乎難以分辨。請參閱 Haslam *et al.*, 'Primate archaeology evolves', *Nature Ecology & Evolution* **1**, 1431–1437, 2017。

275 詳見 K. D. Zink and D. E. Lieberman, 'Impact of meat and Lower Palaeolithic food processing techniques on chewing in humans', *Nature* **531**, 500–503, 2016。

# 時間軸（五）人類崛起

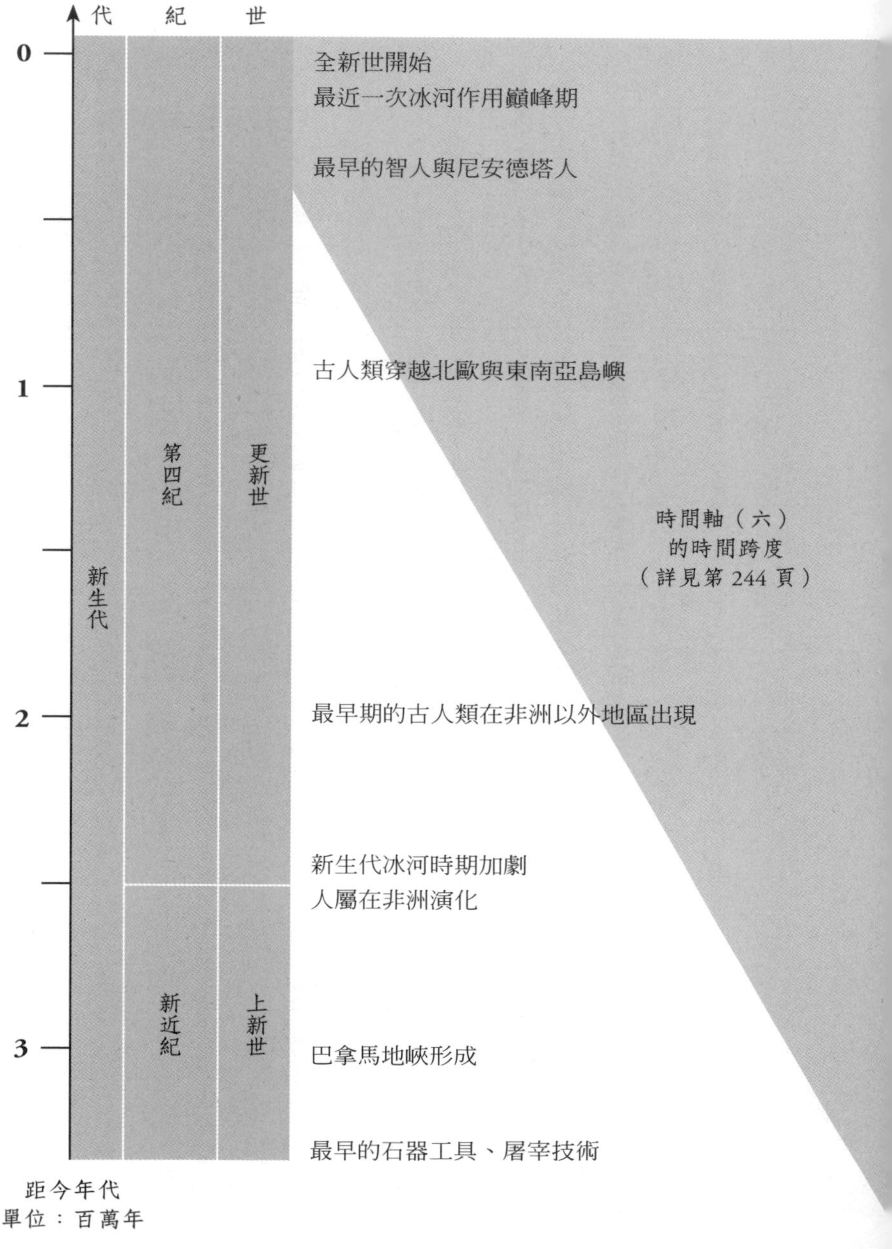
代
紀
世
0
1
2
3
新生代
第四紀
更新世
新近紀
上新世
全新世開始
最近一次冰河作用巔峰期
最早的智人與尼安德塔人
古人類穿越北歐與東南亞島嶼
時間軸（六）
的時間跨度
（詳見第 244 頁）
最早期的古人類在非洲以外地區出現
新生代冰河時期加劇
人屬在非洲演化
巴拿馬地峽形成
最早的石器工具、屠宰技術
距今年代
單位：百萬年

# 10

# 橫越地球

過了五千多萬年後，地球氣候長期緩慢的惡化，即將觸底了。一切都已就定位。

在遙遠的南方，一股環繞極地的洋流將南極大陸鎖在天寒地凍之間；而在遙遠的北方，合併的大陸則將北冰洋囚禁在冰凍地獄之中。但是還不僅止於此。

喪鐘從太空傳來。並不是像驟然結束恐龍時代那樣的猛烈撞擊，而是地球圍繞太陽運行的方式，發生了一系列幾乎難以察覺的微小變化。這些變化始終都存在，只是沒有浮上枱面，而且對於地球居民的影響幾乎小到無足輕重。然而，一切即將改變。

地球環繞太陽的軌道不是完美的圓形，而是略呈橢圓形。如果它是圓形的，地球與太陽之間將始終保持固定的距離；但是由於軌道是橢圓形的，地球到太陽的距離在一年之中會有變化：有時離太陽較近，有時較遠。這種與完美圓形之間的偏差稱為偏心率，是由地球與其他行星繞太陽運行時的引力交互作用所驅動的。

地球最接近太陽時，距離太陽一億四千七百萬公里；最遠處則為一億五千兩百萬公里。在整個廣濶的星系中，這樣的距離幾乎沒有什麼意義。然而，有的時候，地球軌道會偏離得更遠——也就是拉長了——因此我們的星球距離太陽最近之處只有一億兩千九百萬公里，最遠可達一億八千七百萬公里。這就好像地球軌道在緩慢的「呼吸」，每一次完整的呼吸持續十萬年。軌道拉得愈長，氣候就愈極端，因為地球有時候比正常情況更接近太陽烈焰，有時候又離得更遠，深入太空的漫長黑暗。

＊

在此同時，地軸的傾斜度也會根據環繞太陽公轉的平面擺盪。地球軸心的傾斜度會影響季節變化以及地球上氣候帶的劃分。在北半球的夏季，北極向太陽傾斜，與垂直線的夾角為二十三．五度。也就是說，北緯六十六．五度以北的所有地方[276]——即北極圈——都持續沐浴在陽光下。同樣的，在北半球的冬季，當北半球傾斜遠離太陽時，北極圈就陷入了完全的黑暗之中。在南半球和南緯六十六．五度的南極圈，情況則正好相反。北迴歸線和南迴歸線分別位於北緯二十三．五度和南緯二十三．五度，標誌著太陽在正午直射時距赤道最北或最南的位置。

276 這個說法跟偏離垂直線二十三．五度是一樣的，只不過是以偏離水平線的角度來看，二者相加即為九十度。

目前的二十三・五度是一個折衷方案。地軸的傾斜範圍在二十一・八至二十四・四度之間，週期約四萬一千年。傾斜角度會影響季節。當傾斜角度較大時，平均而言，夏季會稍微熱一點，冬季則會比較冷，北極和南極的範圍則會擴大；至於在熱帶地區，在夏至那天的中午，太陽可以直射到比較高的緯度。換言之，地球的氣候會變得比較極端——雖然只有一點點。當地軸傾斜角度小於二十三・五度時，氣候一般會變得比較溫和。

地球除了自轉和公轉之外，還有第三個循環週期，也就是歲差——地球在旋轉時，本身的極軸也跟著旋轉，只不過比每天的自轉週期慢了很多，有點像是陀螺在旋轉時，陀螺的軸心也跟著轉的方式。這個週期大約需要兩萬六千年才能完成。對於那些有足夠耐心的人來說，可以透過極點的緩慢移動來觀察，極點在空中畫了一個圓圈。目前，北極似乎或多或少指向小熊星座的北極星，然而，由於歲差的關係，北極星最終將被天琴座的織女星所取代——那是另一顆顯眼的北方星[277]。任何人如果願意等待一萬三千年，都可以清楚地看到這個現象。

由於這三個週期互補的結果，地球上任何一個定點接收到的陽光量都會出現週期性的變化。最終結果就是地球大約每隔十萬年就會經歷一次寒流[278]。

數百萬年來，地球軌道一直以幾乎相同的方式呼吸、擺盪與傾斜，但整體來說，影響非常小；或者說一直到大約二百五十萬年前，影響都很小。在此之前，地面上發生的事情，對於生物來說具有更大的意義，例如：大陸的合併與分裂，以及隨之而來的海洋與大氣化學性質遭到破壞等問題。然而，兩百五十萬年前，天空下的陸地位置非但未能減緩天上的天體運行影響，反而擴大了。

由於兩極已經結冰，條件恰到好處。在宇宙運行與大陸漂移的共同作用之下，整個地球陷入一系列冰河時期。剛開始的時候還算溫和，但是整體而言卻變得很嚴峻，還一直持續到今天。每次冰河期持續約十萬年，其中有一萬至兩萬年左右的間歇期，此時氣候可能會短暫地變得非常溫暖，即使是熱帶氣候或高緯度地區也是如此。

最近一次寒流最冷的時期是兩萬六千年前。北美東北部的大部分地區被埋在勞倫泰德冰原之下，北美西部則被埋在科迪勒拉冰原下；歐洲西北部的大部分地區都在斯堪地納維亞冰

---

277 南半球的星星也是一樣，只不過南極地區的天體剛好是一片特別黯淡無趣的天空，沒有什麼值得推薦的星座，當然也沒有相當於北極星的明顯星星可以用來標記南極。

278 這是一位名為 Milutin Milankovic（1879–1958）的數學家計算出來的，他沒有任何電腦輔助就算出這一點，你能想像嗎？

原之下凋萎；另外，從阿爾卑斯山到安第斯山脈，所有的山脈都在冰川下呻吟。北半球未受冰川作用的其餘地區大部分是乾旱草原與苔原的混合體，沒有樹木，只有強風橫掃。

所有被鎖在冰層裡的水都要有個源頭：當時的平均海平面比現在低了約一百二十公尺。目前，我們進入暖期已經一萬年了，海平面比過去兩百萬年的平均水位要高出許多。

冰河時期造成的氣候變遷往往非常迅速，至少可以說是破壞力極大。最強烈的對比是在英國，它位於歐亞陸塊的最西邊緣，因此對海洋的變化和盛行的西風最為敏感。五十萬年前，英國被埋在一英里厚的冰層底下；相較之下，到了十二萬五千年前，氣候就變得非常溫暖，甚至有獅子在泰晤士河岸獵鹿，河馬的足跡最遠可以抵達北部的蒂斯河。四萬五千年前，英國還是一片沒有樹木的大草原，冬天有馴鹿出沒，夏天有野牛[279]。到了兩萬六千年前，又冷到連馴鹿也受不了[280]。

⸻

這些干擾地球的氣候急劇變化，會進一步受到洋流的調節，甚至連冰本身也有調節作用。

英國今天擁有溫和氣候的主要原因——尤其是考量到它的緯度相對偏北——是因為有溫暖洋流的圍繞。這股洋流從百慕達及其周遭地區向東北流去，抵達格陵蘭島附近地區時，與來自北方的極地海水相遇、冷卻，將溫暖的空氣釋放到大氣中，同時沉到海洋底部——因為冷水比暖水的密度大——再次向南移，形成全球深海洋流系統中的一部分。

英國的氣候對緯度非常敏感，也就是北向洋流冷卻與下沉的緯度。如果這股洋流流到比現在更南的地方，那麼英國的氣候就會寒冷得多。在冰河時期最寒冷的時候，洋流最北只能到達西班牙，結果導致英國的氣候更像是加拿大拉布拉多北部的氣候，而不像現在這麼溫和平靜。

全球深海洋流不僅受到熱的驅動，也會受到鹽度的影響。北大西洋溫暖而向東北流的洋流含鹽量愈高，其密度就愈大，到達格陵蘭島時就愈容易沉入海底。這種情況的一個副作用就是漂浮的冰通常會比海水的鹽度低[281]。

在上一次冰河期結束時出現了一個問題，當時普遍變暖的趨勢導致勞倫泰德冰原上的冰山崩解，掉進北大西洋。突然向海裡傾倒大量寒冷的淡水，使得海水的鹽度降低，因此流入

279 這是我極少數的天才發現之一，寫在我的博士論文裡，還沒有人看到。

280 除了我本身是英國人，而我的博士論文又剛好是研究英國的冰河時期動物群之外，選擇英國作為例子也有充分理由。英國是一大片陸塊最西邊緣的島嶼，在這段時期內，受到劇烈的極端氣候變化影響最大，整體而言，是個很好的例子。這是我的藉口，我也會堅持下去。

281 詳見 G. A. Jones, 'A stop-start ocean conveyer', *Nature* **349**: 364–365, 1991。

深海的水量減少[282]，結果在原本暖化的趨勢之中，出現了一系列短暫的寒流。

至於冰本身，因為冰非常明亮，可以反射陽光，冰愈多，反射回太空的陽光也愈多，地面就不會那麼暖和，進而留下更多未融化的冰，又反射更多的陽光，如此循環下去，形成正回饋循環。

所有這些因素意味著，宏偉的天體運作所造成的影響，並不如我們想像的那麼完全可以預測，而且氣候變遷可能非常突然。大約一萬年前，在最後一次冰河作用快要結束時，歐洲的氣候在人類一生的時間內從副北極氣候轉變為穩定宜人的氣溫。

在大陸邊緣和兩極地區，氣候的急劇變化最為嚴重，但是熱帶地區也感受到這樣的影響，在那裡，有許多不同種的古人類居住在非洲大草原和森林邊緣，儘管氣候不穩定，但是卻還沒有想到冰原會擾亂他們最黑暗的夢。他們眼前所面臨的問題是，本來就很乾燥的氣候變得更乾燥了。

而這一切都來得相當突然，大約是在二百五十萬年前[283]。森林枯萎了。

獵物變得愈來愈少，更容易受驚，而且更難找到，也更難獵殺。

古人類再也不可能繼續過半吊子的生活，今天在這裡挖樹根，明天去那裡撿殘屍。各種傍人屬的物種繼續頑強地挖掘，再用強大的上下頜將堅果壓碎，將塊莖碾成泥，但是他們的生活只會變得更艱難。最後，四處漫遊的傍人屬族群愈來愈少，到了大約五十萬年前，當北歐與北美在迄今為止最重的冰層下呻吟時，他們就從大草原上消失了。

但是，就在那個時候，一種新的古人類出現了，與之前出現的物種都非常不同。他們比任何古人類都高，也更聰明，而且採納了古人類在數百萬年前就採用的雙足站立姿勢，同時做得更完美。在傍人屬開始專門吃素，而其他古人類仍然投機地一邊採集食物、一邊分食腐屍時，這個新物種卻演化成了草原上的掠食者。

我們將這種生物命名為直立人（*Homo erectus*）。

---

282 冰山突然崩解落入海洋的現象，稱為海因里希事件（Heinrich events）。請參閱 Bassis *et al.*, 'Heinrich events triggered by ocean forcing and modulated by isostatic adjustment', *Nature* **542**, 332–334, 2017；A. Vieli, 'Pulsating ice sheet', *Nature* **542**, 298–299, 2017。

283 這是在地面上發現的情況，相當令人吃驚。衣索匹亞記錄下這些改變的化石床顯示，喜歡混合林地的物種（例如南方古猿）顯著減少，而在開闊地區的物種（例如馬、駱駝和人屬）則明顯增加。請參閱 Alemseged *et al.*, 'Fossils from Mille-Logya, Afar, Ethiopia, elucidate the link between Pliocene environmental change and *Homo* origins', *Nature Communications* **11**, 2480 (2020)。

與之前的古人類相比，直立人是建立在完全不同的底盤上。顧名思義，他們站得比較直，也比較高；他們的臀部比較窄，雙腿在比例上比較長，讓行走更有效率；以比例來說，他們的手臂相對比較短：畢竟在他們的日常活動中，攀爬並不是那麼重要。儘管古人類以雙腳走路已經有六百萬年的歷史，但是他們始終保留一些在樹上生活的技能。直立人是第一個完全致力於雙足生活的古人類。

這樣的決心帶來了許多其他變化。直立人在飲食中消耗了更多的肉類。誠如我們所見，肉類比蔬菜更容易消化，並且含有更多可用的養分與熱量。直立人的腸道較小，卻可以容納較大的腦。最後這一點很重要，因為腦部的運作成本很高。大腦占身體質量的五十分之一，卻消耗掉六分之一的所有可用能量。

直立人的腸道較小，所以跟矮胖又大腹便便的祖先比較起來，就有更明顯的腰部；他們的臀部較高、較窄，所以軀幹比腿部更容易扭轉；同時，他們有更明顯的頸部，讓頭可以抬得更高。這意味著直立人可以做一些新鮮事：他們可以奔跑，可以在跨大步時往相反的方向擺動手臂，同時保持眼睛和頭部向前，朝向目標前進。

奔跑變得非常重要。儘管與獵豹或黑斑羚相比，直立人的短跑能力較差，不過他們在耐力長跑方面卻表現得很出色。由於非常有耐心，直立人可以一公里又一公里、一小時又一小時地追捕大型獵物，直到獵物名符其實地因熱衰竭而倒地不起[284]。

獵人感受到的熱比獵物少得多。有一部分是因為直立人身上的毛髮比其他哺乳動物要少很多。應該說，毛髮的數量是一樣的，但是直立人的毛髮很細，而且很短，中間空隙充滿了汗腺，可以排出水分，透過蒸發來冷卻身體——這是毛皮動物做不到的。

儘管有這些令人驚艷的壯舉，但是若要制服一隻羚羊，甚至是一隻瀕臨死亡的羚羊，仍然不是一名體型瘦長、身上無毛的獵人就可以獨力完成的。跟古人類歷史上的任何其他時期相比，此時的獵人更需要團隊合作。

但是在獵殺動物時至關重要的凝聚力，卻是在家裡產生的。

---

跟許多野外掠食者（例如獵犬）一樣，直立人也是一種群居動物，有一些習慣性的活動，如性展示、極端暴力和烹飪。

在他們演化的某個階段，不同部落的直立人學會使用火，並且在烹飪中發現了一種美味

---

284 詳見 D. Bramble and D. Lieberman, 'Endurance running and the evolution of *Homo*', *Nature* **432**, 345–352, 2004。這篇精采的論文說明了在人類發展史上耐力長跑的重要性。不過我應該補充說明一下，他們對解剖學的解釋主要是根據智人而不是直立人，所以在這個部分，是我的自由發揮。話雖如此，直立人是體型與現代人類非常相似的最早古人類。

且社交的體驗。當時，他們並未意識到烹飪食物會釋放更多的養分，並且殺死生食可能含有的任何寄生蟲或疾病。使用火的部落[285]活得比不使用火的部落更長、更健康，同時孕育了更多的後代。最後，那些不使用火的部落就全都滅絕了。

部落的存在意味著直立人在某種程度上具有領地意識。靈長類動物比任何其他哺乳動物更容易出現攻擊暴力行為，甚至謀殺[286]。古人類是所有物種中最兇殘的。然而，古人類既是戰士，也是情人，這是一種綜合表現，其中包括社會結構、性與社交展現，還有炎熱天氣中的獵人身上相對毛髮較少的現象。

身上無毛除了有助於散熱之外，也讓人類更脆弱的部分暴露在外，因為人類是以雙腳站立。公開的性展示或許為一個令人費解的事實提供解答：以相對的體重而言，人類男性的陰莖比其他猿類要大得多。

性展示——以及群體凝聚力的必要——也可以解釋為什麼人類女性的乳房在任何時候都是突出的，而不是只有在哺乳期間。在其他哺乳動物中，當雌性不泌乳時，幾乎看不到乳頭。同樣的道理，人類女性的生殖器官無論是否處於排卵期，看起來都一樣。在其他靈長類動物中，雌性的外生殖器在發情期間通常會嚴重腫脹，讓同一群體中的任何成員都知道她們的生殖情況。至於人類，女性的生殖狀況是絕對的隱密，有時候連女性自己也常常搞不清楚。

對人類來說，沒有「交配季節」這種東西。其他哺乳動物的雄性與雌性會在交配季節中發生性行為，而且是在眾目睽睽之下，有一部分原因也是展示與加強社會地位的一種方式。相形之下，人類在全年的任何時間都具有生育（或不生育）能力，並且偏好在群體其他成員不注意的情況下發生性行為。

儘管人類具有高度的社會性和社交性，但是往往會為了撫養後代而形成穩定的配對關係。雖然人類的婚配系統差異很大，但一般規則是：一男一女形成一種持續多年的聯繫，共同養育孩子。

這反映在男女兩性之間相對有限的身體差異——即所謂的兩性異形。在雄性傾向於壟斷大量雌性的動物物種中，雄性的體型會比雌性大很多。今天的大猩猩就是如此，這種猿類生活在小群體中，由一隻體型較大的雄性統治一群體型較小的雌性[287]。人類的男性平均體型往往

285 我在這裡使用「部落」一詞，是指受到親屬關係和共有傳統束縛的一個獨特群體，他們或多或少生活在同一個地方，並且在文化和基因上也或多或少與其他此類的群體不同。

286 一份關於哺乳動物中致死暴力行為機率的比較研究顯示，一般而言，古人類與靈長類是最暴力的哺乳動物。請參閱 Gómez *et al.*, 'The phylogenetic roots of human lethal violence', *Nature* **538**, 233–237, 2016 及其評論 Pagel, 'Lethal violence deep in the human lineage', *Nature* **538**, 180–181, 2016。

287 而且雄性的陰莖還很小。大猩猩勃起後的陰莖約莫只有三公分長，而人類男性的平均長度至少要再加個十公分。請參閱 M. Maslin, 'Why did humans evolve big penises but small testicles?' *The Conversation*, 25 January 2017, accessed 1 April 2021；Veale *et al.*, 'Am I normal? A systemic review and construction of nomograms for flaccid and erect penis length and circumference in up to 15,521 men', *BJU International* **115**, 978–986, 2015。

還是比女性大，但是差異相對較小。以人類而言，兩性異形跟身體質量的關係要小得多，反而跟體毛與皮下脂肪的分布有關。

如果人類會形成穩定的配對關係，那麼，人類男性為什麼有這麼大的陰莖，而女性的乳房又為什麼總是突出，彷彿兩性都一直在宣傳他們隨時都能繁殖呢？反過來說，女性生殖器官無論處在什麼樣的生育狀況，為什麼總是如此的低調？發情期又為什麼要隱藏，而性行為總是在私下進行？如果配對的聯繫是完全穩定的，那麼這一切都應該無關緊要才對。

這個問題的答案是：儘管兩性結合後能夠立即養育後代是最好的，但是人類沉溺於不倫行為的程度遠遠超出了我們普遍的認知。俗話說，養育一個孩子需要一整個村莊的力量，尤其是古人類的孩子，他們出生時都是處在一個相對無助、發育不良的狀態。

如果沒有人能夠完全確定某一個孩子的父親身分，他們都會由好幾個家庭合作來撫養。這種合作模式還延續到任何狩獵隊伍中的男性友誼。由於不確定哪個孩子屬於哪個父親，因此男性打獵不是只為了自己的直系親屬，也是為了整個部落。

在許多方面，人類的社會與性習俗跟鳥類有更多的共同點，反而不像其他的靈長類動物。許多鳥類具有群居性、領地意識，也熱衷性展示，同時生活在家庭群體中，年長的子女在離開家並為自己尋找領地之前，還會幫助父母撫養弟妹。許多鳥類物種也會公開形成穩定的配對關係，但是當名義上的伴侶外出狩獵時，雌鳥也還是會跟其他雄鳥祕密交配。這意味著雄鳥永遠無法確定他在協助撫養的後代中有哪些是自己的，哪些又是別人的孩子[288]。

面對這種情況，雄性往往會兩邊下注。在人類社會中，最好的策略是跟其他男性合作。最終，通姦有助於促進男性聯繫，並維繫整個社會——儘管表面上仍是配對關係。

直立人很像我們，但是這樣的相似性可能是假的。如果我們直視直立人的眼睛，不會因為好像看到自己而震驚，反而會因為看到像鬣狗或獅子等掠食動物的狡猾而受到驚嚇[289]。直立人缺乏人性的一面的確令人感到不安。

大多數哺乳動物出生、成長的速度很快，繁殖速度也很快，一旦繁殖能力耗盡，就會死亡。直立人也是如此。他們的小孩從嬰兒期快速成長到成人，沒有人類特有的漫長童年時期[290]。等到他們死後，也不會有人處理屍體，只剩下大量的腐肉。直立人缺乏來世的概念，既

288 詳見S. Eliassen and C. Jørgensen, 'Extra-pair mating and evolution of cooperative neighbourhoods', *PLoS ONE* doi.org/10.1371./journal.pone.0099878, 2014；B. C. Sheldon and M. Mangel, 'Love thy neighbour', *Nature* **512**, 381–382, 2014。

289 Alan Walker和Pat Shipman在他們見解深刻的 *The Wisdom of Bones* (Vintage, 1997) 一書中就是這樣描述直立人的。

290 詳見Dean *et al.*, 'Growth processes in teeth distinguish modern humans from *Homo erectus* and earlier hominins', *Nature* **414**, 628–631, 2001；及其評論Moggi-Cecchi, 'Questions of growth', *Nature* **414**, 595–597, 2001。

不嚮往天堂，也不害怕地獄。最重要的是，他們沒有祖母給他們講故事，傳承祖先的傳統。

⁂

可是呢，話雖如此，直立人卻創造出最美麗的人工製品：那些呈淚滴狀、製作精良、美得幾乎像是寶石一樣的石頭，通常被稱為手斧，是他們石器文化中的標誌性人工製品，史稱阿舍利（Acheulean）文化[291]。

手斧之所以獨特，是因為無論在什麼地方發現，也無論製造的年代或材料為何，其設計或多或少都相同。它跟某一特定物種——直立人——的密切關係，顯示這些無可否認的美麗工具，是根據某種與生俱來的固定設計而製造的。生產這些工具就像鳥兒築巢一樣不需經過思索。如果在創造手斧時，製作工匠在敲打空白燧石、削出斧頭形狀的順序上出了錯，他們也不會嘗試修復或者試圖將其轉用於其他目的，反而就只是單純地放棄錯誤，再拿一塊空白的燧石，重新開始。

現代人始終都搞不清楚手斧的用途，對我們來說，這個事實更凸顯直立人缺乏人性這個令人不寒而慄的特徵。雖然有許多手斧尺寸都合適握在手裡，可以用來切碎東西，但有些手斧大到顯然不是這個用途。不管怎麼說，為什麼要這麼麻煩去做這些東西呢？他們只要敲打燧石邊緣，就能做出足夠鋒利的工具，用來剝屍體的皮或剔除骨頭上的肉，那麼他們不辭辛勞地製作出像手斧這麼複雜而精美的東西，又是為了什麼呢？如果一個人要丟擲石頭——甚至使用彈弓——來擊倒獵物或敵人，如果這個東西都是要丟棄的，又何必花這麼多工夫去製作手斧呢？

我們多半認為技術物品一定有個目的，而其目的應該能從設計中明顯推知。「要看到一件事，就必須先理解它。」豪爾赫．路易斯．波赫士（Jorge Luis Borges）在他的恐怖短篇小說〈事猶未了〉（*There Are More Things*）中寫道：

> 扶手椅的設計前提是人體及其關節與四肢；剪刀的前提是剪的動作。那麼一盞燈或一輛車的前提是什麼？野蠻人無法理解傳教士的《聖經》；乘客看不出水手眼中的索具。如果我們真正看到了這個世界，也許我們就能理解它[292]。

291 雖然已知最早的阿舍利工具是在非洲發現的（例證請參閱 Asfaw *et al.*, 'The earliest Acheulean from Konso-Gardula', *Nature* **360**, 732–735, 1992），但是整個文化卻是以法國的考古遺址聖阿舍利（St-Acheul）得名的，因為那裡是首次發現這種工具的地方。

292 © *The Atlantic Monthly*, 1975。

我們向來自以為是，總是要在物體外在的精心構造上，附加一種專屬於人類的特有意識方向或目的，但是只要看一眼蜂巢、白蟻丘或鳥巢，就會立刻發現這樣的做法是錯的。

在另一方面，直立人有時確實會做一些在我們看來非常像人類的事情，例如在貝殼上劃出井字號[293]。出於什麼目的，沒有人知道。直立人也有可能掌握了在海上航行或是划獨木舟的技術——這是人類的一種衝動，我們完全可以想見。誠如我們所見，直立人是第一個學會馴服並使用火的古人類。

無論直立人是什麼、做了什麼、想了什麼，他們都是在大約二百五十萬年前，為了應對氣候突然變遷而演化的一種反應。與其像僅存的猿類那樣，撤退到日益縮小的森林中，過著一種主題樂園式的生活，當作是紀念消失的過去[294]；或是像傍人屬那樣，在愈來愈難覓食的大草原上，勉強拚搏，過著愈來愈貧乏的日子，最後還是以失敗告終；直立人的選擇是開始擴大活動範圍，走到比其他古人類更遠的地方，只是為了在無情的地球上勉強討個生活。

最終，直立人成為第一個離開非洲的古人類。

到了兩百萬年前，直立人已經遍布整個大陸[295]，但他們可沒有拖拖拉拉停下行動。由於氣候變化，森林萎縮，大草原的地形擴及非洲、中東、中亞和東亞，一望無際的草原上充滿了獵物，草原走到哪裡，直立人就跟到哪裡。

早在一百七十萬年前——甚至可能更早——他們就已經追著獸群，最遠來到了中國[296]。到了七十五萬年前，直立人就經常使用位於現在北京郊區的周口店洞穴[297]。

直立人一邊遠行，一邊演化。

直立人是變化多端的祖先，繁衍出許多不同的子物種[298]：可以媲美巨人、哈比人、穴居人

293 詳見 Joordens *et al.*, '*Homo erectus* at Trinil on Java used shells for tool production and engraving', *Nature* **518**, 228–231, 2015。

294 人類與黑猩猩、大猩猩和紅毛猩猩的關係密切到總是讓人感到訝異。撇開宗教因素不談，其實人類與這些生物有著驚人的差異。原因在於，當人類發生巨大變化，遠離我們與猿類共有的祖先時，猿類的變化卻要小得多。

295 已知最早的直立人化石是來自南非的德里莫倫洞穴（Drimolen Cave），是一個頭骨的一部分，其歷史可追溯到兩百萬年前——請參閱 Herries *et al.*, 'Contemporaneity of *Australopithecus*, *Paranthropus* and early *Homo erectus* in South Africa', *Science* **368** doi: 10.1126/science.aaw7293, 2020。至於最完整的非洲直立人範例，則是一名肯亞青年的骨骼：請參閱 Brown *et al.*, 'Early *Homo erectus* skeleton from west Lake Turkana', Kenya', *Nature* **316**, 788–792, 1985。他們修長的骨骼形狀與早期古人類較矮胖的骨架形成了鮮明的對比。

296 詳見 Zhu *et al.*, 'Hominin occupation of the Chinese Loess Plateau since about 2.1 million years ago', *Nature* **559**, 608–612, 2018。

297 詳見 Shen *et al.*, 'Age of Zhoukoudian *Homo erectus* determined with 26Al/10Be burial dating', *Nature* **458**, 198–200, 2009；其評論請參閱 Ciochon and Bettis, 'Asian *Homo erectus* converges in time', *Nature* **458**, 153–154, 2009。

298 請參閱 J. Schwartz, 'Why constrain hominid taxic diversity?', *Nature Ecology & Evolution*, 5 August 2019, https://doi.org/10.1038/s41559-019-0959-2，他提出中肯的論證，支持直立人分類多樣化的論點。

和雪人，最後當然就是我們。多樣化的趨勢從很早就開始了。大約一百七十萬年前的高加索山區，一個生活在喬治亞的直立人部落就有各種不同的外貌類型，從我們現代的角度來看，很難想像他們都屬於同一物種[299]。

到了一百五十萬年前，多個直立人部落已經滲透到東南亞的島嶼。要登上這些島嶼，他們只需步行即可，因為當時的海平面很低，這個地區大部分都是旱地。我們今天看到的許多島嶼，其實是大片陸地在半淹沒後所留下來的碎片。至少在十萬年前，直立人都還住在爪哇[300]——隨著海平面上升，叢林再次向他們周圍逼近，最後的頑固分子堅持了下來。

他們可能存活得更久，甚至久到可以目睹他們的後代——現代人類——來到這個地區[301]。如果他們真的相遇了，那麼對現代人類來說，這次的相逢將是一場惡夢，因為他們看起來像是體型巨大但神祕的叢林猿類，只是這個地區的一種本土物種，像是紅毛猩猩及其巨大的表親巨猿（*Gigantopithecus*）。

一旦進入東南亞島嶼，直立人的演化就發生了一些令人驚訝的轉變。隨著海平面上升，各個部落被局限在島嶼上，與大陸分離，並以自己獨特的方式演化。

其中一支來到菲律賓的呂宋島，在那裡捕獵本土犀牛[302]；大約在同一時間，他們的大陸近親也在中國東部點燃了火種。被困在呂宋島上的這一部落，後來就演化成了呂宋人（*Homo luzonensis*），是一個體型很小的物種[303]。除了體型矮小之外，他們在許多方面都還很原始。在叢林回歸之後，這些古人類再次回到樹上生活，至少存活到五萬年前。當第一批現代人類出現時，這些非洲大草原獵人的非典型後裔一定是棲坐在樹枝上，帶著不解和恐懼的眼神，凝視著新來的入侵者。

---

299 儘管所有物種在形式上都以雙名法來命名，其中包括一個屬名（如 *Homo*）和一個種名（如 *sapiens*），甚至還可能有一個亞種名稱（例如，以 *sapiens* 來說，就叫做 *Homo sapiens sapiens*），但是這些古代人最近獲得了一個四名法的命名，即 *Homo erectus ergaster georgicus*，這在命名史上是個獨一無二的頭銜——或許除了英國王室成員之外——這種情況更說明了一個事實，那就是直立人族繁不及備載，是一個範圍極廣的集團。關於這個不平凡的名字，請參閱 L. Gabunia and A. Vekua, 'A Plio-Pleistocene hominid from Dmanisi, East Georgia, Caucasus', *Nature* **373**, 509–512, 1995；Lordkipanidze *et al.*, 'A complete skull from Dmanisi, Georgia, and the evolutionary biology of early *Homo*', *Science* **342**, 326–331 (2013)；文中還討論到一個非常現實的問題：就是將化石標本硬塞進一個可能變異程度未知的物種。

300 詳見 Rizal *et al.*, 'Last appearance of *Homo erectus* at Ngandong, Java, 117,000–108,000 years ago', *Nature* **577**, 381–385, 2020。

301 詳見 Swisher *et al.*, 'Latest Homo erectus of Java: potential contemporaneity with *Homo sapiens* in Southeast Asia', *Science* **274**, 1870–1874, 1996。

302 詳見 Ingicco *et al.*, 'Earliest known hominin activity in the Philippines by 709 thousand years ago', *Nature* **557**, 233–237, 2018。

303 詳見 Détroit *et al.*, 'A new species of *Homo* from the Late Pleistocene of the Philippines', *Nature* **568**, 181–186, 2019 及其評論 Tocheri, 'Previously unknown human species found in Asia raises questions about early hominin dispersals from Africa', *Nature* **568**, 176–178, 2019。

在此同時，奇怪的命運正等待著另一群到達弗洛勒斯島（Flores）的直立人——那是一個位在爪哇東部的島嶼。

他們在一百多萬年前登陸。此事本身就令人訝異，因為他們不可能走到那裡，不可能像他們的祖先那樣簡單地步行到距離大陸比較近的其他島嶼。即使在海平面最低的時候，弗洛勒斯島跟世界其他地方也隔著深邃的海峽。

他們可能是偶然到達那裡，或許是被暴風吹過去，被地震或火山爆發引起的海嘯拋到岸上，或是在植物或其他碎片上隨著洋流漂過去。畢竟，世界的這一地區對於極端事件早已司空見慣，而這類事故也是最偏遠的島嶼上也存在動植物的主要原因。

若非以上的原因，那麼就是他們搭乘某種形式的船隻到達弗洛勒斯島，即使該船隻原本是只為了在另一個島嶼附近的近海捕魚，卻不小心偏離了航道。

然而，在他們到了弗洛勒斯島之後，體型也隨著時間的推移而縮小[304]，並成為我們所知的弗洛勒斯人（*Homo floresiensis*）。當他們在大約五萬年前滅絕時——與他們在菲律賓的遠親差不多同一時間[305]——站起來的高度不超過一公尺，但是製作工具的能力卻不遜於他們的祖先，只是工具的尺寸做得更小，適合較小的手。

這種體型變小的情況並不罕見。被困在島嶼上的物種會發生種種怪事。小型動物愈來愈大，而大型動物反而愈演化愈小。

弗洛勒斯島的巨蜥是科摩多龍的近親，他們的體型大到足以讓現代人類感到恐懼，更不用說只有一公尺高的人了，再勇敢的人也會害怕。有些鼠類甚至演化到了㹴犬的大小[306]。

由於冰河時期海洋頻繁的漲落，許多島嶼都有專屬自己的獨特小象品種，弗洛勒斯島也

---

304 詳見 Brown *et al.*, 'A new small-bodied hominin from the Late Pleistocene of Flores, Indonesia', *Nature* **431**, 1055–1061, 2004 及其評論 Mirazón Lahr and Foley, 'Human evolution writ small', *Nature* **431**, 1043–1044, 2004；Morwood *et al.*, 'Further evidence for small-bodied hominins from the Late Pleistocene of Flores, Indonesia', *Nature* **437**, 1012–1017, 2005；另外還有線上的選集 'The Hobbit at 10', https://www.nature.com/collections/baiecchdeh。

305 詳見 Sutikna *et al.*, 'Revised stratigraphy and chronology for *Homo floresiensis* at Liang Bua in Indonesia', *Nature* **532**, 366–369, 2016；van den Bergh *et al.*, '*Homo floresiensis*-like fossils from the early Middle Pleistocene of Flores', *Nature* **534**, 245–248, 2016；Brumm *et al.*, 'Early stone technology on Flores and its implications for *Homo floresiensis*', *Nature* **441**, 624–628, 2006。

306 這些鼠類至今依然存在，並且伴隨著其他中小型老鼠。我去弗洛勒斯島上參觀梁布亞岩洞（Liang Bua）時——也就是發現第一批弗洛勒斯人標本的地方——一整天都很開心地協助 Hanneke Meijer 博士將數以百計的鼠類和蝙蝠骨骸，按照不同大小分門別類，另外還有數量較少但是非常珍貴的鳥類骨骸——那是 Hanneke 的特別興趣。工作人員經過千辛萬苦，清洗這些骨骸，洗掉從地下挖掘出來的每一克沉積物，然後放入麻袋中，再以立體透視的方式，標示發現沉積物的精確位置。考古營地的工作人員把沉重的麻袋從山上搬到稻田裡，篩選骨頭，然後帶上山來讓我們研究。任何考古發掘工作都必須高度讚揚許多幕後工作人員的艱辛，沒有他們的努力，就不可能有這些在國際期刊上大肆宣揚的重大發現。

不例外。也許直立人來到弗洛勒斯島是為了尋找大象，但是幾千年下來，隨著各自適應島嶼生活，獵人與獵物都愈變愈小[307]。

就算將弗洛勒斯人的體型較小納入考量，他們的腦部尺寸也還是很小。但是誠如很久以前，當大草原的古人類在非洲成為肉食動物時所發現的，腦部組織的維護成本非常昂貴。若是一個物種面臨到資源稀少的挑戰，甚至到了連天擇都會青睞侏儒症的程度，大腦自然要面對更大的壓力，利用較少的資源做更多事。大腦的體積較小未必會影響智力：在鳥類中，烏鴉和鸚鵡都是出了名的聰明，但是他們的腦部並不會比堅果大。弗洛勒斯人製作的工具，複雜程度並不會輸給直立人。

在弗洛勒斯島、呂宋島，當然還有其他地方，那些困居島上的直立人變得愈來愈小，成了我們所看到的矮人或哈比人。

但是在其他地方，則又成了巨人。

在西歐，這個物種變成先驅人（*Homo antecessor*），那是一種粗獷的生物，生活在他們祖先的溫暖大草原以外的地區。大約八十萬年前，他們在英格蘭東部留下了手斧，甚至還有腳印——走得比任何古人類都要更北方[308]。先驅人很強壯，又有一種奇怪的熟悉感，因為他們看起來比直立人——甚至比冰河時期居於洞穴生活巔峰的尼安德塔人——都要更像現代人。人類的相貌跟基因一樣，都有深厚的根源：我們就是在先驅人的身上，找到第一個跟現代人類有遺傳親緣關係的跡象[309]。

不久之後，在歐洲其他地方，又出現了海德堡人（*Homo heidelbergensis*）。從他們在歐洲中心留下來的骨骸和工具可以看得出來，這確實是個強大的物種。在我們看來，他們的狩獵長矛——與石器工具和屠宰後的馬匹遺骸一起保存在德國，其歷史可以追溯到大約四十萬年前——其實更像是柵欄柱[310]。這些長矛並不是設計來推刺，而是用來拋擲，其中一根長二·三公尺，最寬的直徑逼近五公分。要在戰鬥中舉起並利用這些武器一定需要很大的力氣。在英

---

307 Victoria Herridge 提醒我不要忘了提到侏儒象。我忍不住要想像大象和人類都愈變愈小，直到有一天縮小到用肉眼都看不到，必須動用到顯微鏡才能看到，就像是電影《聯合縮小軍》（*The Incredible Shrinking Man*）裡的主角一樣。

308 詳見 Bermúdez de Castro *et al.*, 'A hominid from the lower Pleistocene of Atapuerca, Spain: possible ancestor to Neandertals and modern humans', *Science* **276**, 1392–1395, 1997；Parfitt *et al.*, 'Early Pleistocene human occupation at the edge of the boreal zone in northwest Europe', *Nature* **466**, 229–233, 2010 及其評論 Roberts and Grün, 'Early human northerners', *Nature* **466**, 189–190, 2010；Ashton *et al.*, 'Hominin footprints from Early Pleistocene Deposits at Happisburgh, UK', *PLoS ONE* https://doi.org/10.1371/journal.pone.0088329, 2014。

309 詳見 Welker *et al.*, 'The dental proteome of *Homo antecessor*', *Nature* **580**, 235–238, 2020。

310 詳見 H. Thieme, 'Lower Palaeolithic hunting spears from Germany', *Nature* **385**, 807–810, 1997。

格蘭南部出土的一根脛骨[311]，大小與現代成年男性的脛骨相當，但是密度更大也更粗，顯示此人異常強壯，體重逾八十公斤。在歐亞大陸的另一端，與現代人身高最高者相當的人類從漫天風雪的滿洲大步走來。那時候，地球上有巨人。

顯然，歐洲和亞洲的直立人後代正在不斷演化，以因應冰河時期日益嚴峻的生活條件。非洲大草原上纖細的長跑選手正在變成一種不同的全新物種——一種足以適應北方嚴酷環境的生物。

大約四十三萬年前，有個部落在西班牙北部阿塔普埃爾卡山脈（Sierra de Atapuerca）[312]的洞穴中定居。他們在很多方面看起來都是人類，大腦尺寸也與現代人類的大腦大致相同。不過他們的表情嚴肅、冷酷，對黯淡世界的展望被日益深沉的內在生活抵消。因為他們會埋葬死者。至少，他們不會放任屍體躺著不管，彷彿屍體跟其他東西沒什麼兩樣：屍體被帶到洞穴的後面，扔進一個深坑裡。這些人就是尼安德塔人的起源[313]。

尼安德塔人或許比直立人更能說明生命如何演化以應對環境的挑戰。他們性格乖戾，極度適應北歐寒冷、多風、荒涼的生活，在那裡生活了三十萬年，從未遭逢任何挑戰。他們輕盈地在大地奔跑，文化幾乎沒有什麼改變，不過大腦的平均體積比現代人類大，因此能夠深刻周密的思考。而且他們會埋葬死者。

他們躲在洞穴深處，遠離冰河時期的冰冷寒風與微弱陽光，努力尋找精神上的力量。在法國的一個洞穴裡，他們用打碎的鐘乳石與熊骨，建造出圓形結構，埋在地底深處陽光永遠都無法穿透的地方[314]。出於什麼原因，沒有人知道。這些神祕的建築已有十七萬六千年的歷史，是古人類建造的最古老且有明確日期的建築物。

尼安德塔人與他們輕盈、自由活動的直立人祖先形成強烈的對比。儘管從歐洲最西端，一路穿過中東，一直到西伯利亞南部，都曾經發現他們的足跡和作品，但是個別的尼安德塔人群體分布範圍並不遠。面對外部的極端天氣——是古人類從未經歷過的氣候——他們在戶外短暫出擊尋找食物，卻在地底培育出更光明的精神生活——就像威爾斯（H. G. Wells）筆

311 詳見 Roberts *et al.*, 'A hominid tibia from Middle Pleistocene sediments at Boxgrove, UK', *Nature* **369**, 311–313, 1994。

312 詳見 Arsuaga *et al.*, 'Three new human skulls from the Sima de los Huesos Middle Pleistocene site in Sierra de Atapuerca, Spain', *Nature* **362**, 534–537, 1993。

313 細胞核 DNA 顯示阿塔普埃爾卡山脈的人類比任何古人類都要更接近尼安德塔人。請參閱 Meyer *et al.*, 'Nuclear DNA sequences from the Middle Pleistocene Sima de los Huesos hominins', *Nature* **531**, 504–507, 2016。

314 詳見 Jaubert *et al.*, 'Early Neanderthal constructions deep in Bruniquel Cave in southwestern France', *Nature* **534**, 111–114, 2016 及其評論 Soressi, 'Neanderthals built underground', *Nature* **534**, 43–44, 2016。

下的莫洛克人（Morlocks）一樣。

然而，他們的一些親戚卻將目光投向了更高、更遠的目標。

大約在三十萬年前的某個時候，中亞的尼安德塔人有個分支，抬頭看到了西藏高原。除了極地地區之外，這可能是世界上最不適合人類居住的地方，空氣寒冷、刺骨、稀薄，積雪終年不化。當陽光照耀時，就像是冰藍色穹頂裡一隻灼熱的眼睛。然而，卻有這麼一群古人類，認為他們可以在世界屋脊的高處勉強維持生計，而他們也確實身體力行了。他們爬上山，而且一邊攀爬，也一邊不斷地演化，成了丹尼索瓦人[315]，讓人想起數千年後傳說中居住在高原上的雪人[316]。

直立人及其後代征服了舊世界，甚至可能冒險進入新世界[317]。大約五萬年前，地球上有許多人類物種。在歐洲和亞洲都有尼安德塔人。在那個時候，一些丹尼索瓦人的後裔已經離開了他們在山上的據點，下山一路走到東亞的高地[318]，每走到一處，就產生變化來因應新環境的挑戰，從深邃的洞穴到密樹叢林，從孤立的島嶼到開闊的平原，再到高聳的山脈。而直立人卻依然平靜地生活在爪哇。

然而，人類生活的所有這些實驗都將一掃而空。等到冰河時期結束時，只剩下一個古人類的物種，而且他們跟直立人一樣，也來自非洲。

---

315 丹尼索瓦人（Denisovans）的名字來自西伯利亞南部阿爾泰山脈的一個洞穴，他們的遺骸就是在那裡首次被人發現的。到目前為止，還沒有正式的動物學名稱。

316 詳見 Chen *et al.*, 'A late Middle Pleistocene Denisovan mandible from the Tibetan Plateau', *Nature* **569**, 409–412, 2019。

317 若果真如此，他們確實非常小心翼翼。加州南部有個捕殺乳齒象的地點可追溯至大約十二萬五千年前，但是頗具爭議的是，有人聲稱這個地點是由人類行為造成的。如果真是這樣，那麼就比早期人類占據美洲的最樂觀主張——也就是三萬年前在美洲外圍——還要更早得多。請參閱 Holen *et al.*, 'A 130,000-year-old archaeological site in southern California, USA', *Nature* **544**, 479–483, 2017。

318 他們被稱為「丹尼索瓦人」，因為其遺骸最早就是在西伯利亞南部阿爾泰山脈的丹尼索瓦洞穴被人發現的。請參閱 Reich *et al.*, 'Genetic history of an archaic hominin group from Denisova Cave in Siberia', *Nature* **468**, 1053–1060, 2010 及其評論 Bustamante and Henn, 'Shadows of early migrations', *Nature* **468**, 1044–1045, 2010。

# 時間軸（六）智人

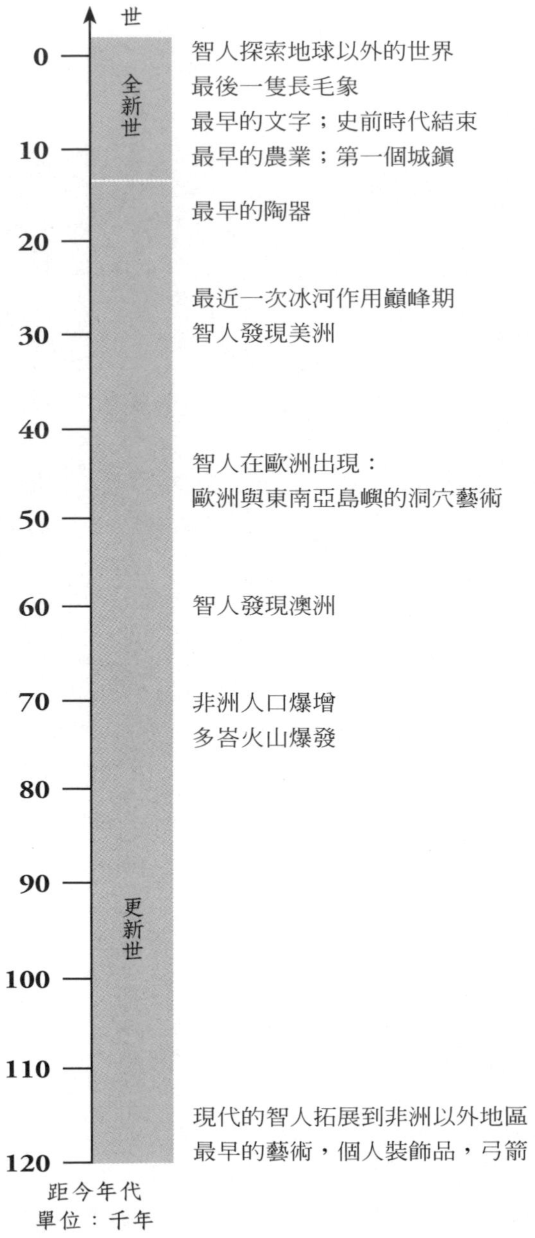
世
0
10
20
30
40
50
60
70
80
90
100
110
120
全新世
更新世
智人探索地球以外的世界
最後一隻長毛象
最早的文字；史前時代結束
最早的農業；第一個城鎮
最早的陶器
最近一次冰河作用巔峰期
智人發現美洲
智人在歐洲出現：
歐洲與東南亞島嶼的洞穴藝術
智人發現澳洲
非洲人口爆增
多峇火山爆發
現代的智人拓展到非洲以外地區
最早的藝術，個人裝飾品，弓箭
距今年代
單位：千年

# 11

# 史前時代結束

到了距今大約七十萬年前，冰河期比間隔的溫暖期要長得多。此時的地球或多或少都算是處在永久的冰川狀態，可以喘息的時間炎熱、猛烈又短暫。

生命不僅存活了下來，而且還蓬勃發展。歐亞大陸那些未受冰層覆蓋的地區長出了綠色的草原，孕育了幾乎無法估計的獵物。春夏兩季，野牛成群結隊地在陸地上遷徙，數量之大，必須花好幾天才能看完數百萬隻動物從眼前經過。這些牛群之中還摻雜了馬和巨鹿——他們頭上長著令人難以置信的大角；不時出現一些大象物種，如長毛象和乳齒象；另外也伴隨著長毛犀牛的鼻息和跺步聲。到了冬天，動物的數目只是稍微少了一點。儘管許多動物向南遷徙，但是雪中依然有馴鹿相伴。所有這些會走動的肉品，吸引了獅子、熊、劍齒虎、鬣狗、狼等肉食動物——還有堅毅、頑強的直立人後代。

✳

古人類以更大的腦部和更豐富的脂肪儲存，來應對不斷加劇的冰河時期。

此事本身就很了不起。正如我們所觀察到的，大腦的運作成本非常昂貴。自然經濟學通常要求聰明的動物只儲存最少的脂肪，因為如果食物不足，他們會動腦筋，在餓死之前找到更多食物。以需要儲存脂肪的哺乳動物來說，他們身上的脂肪存量都只能燃起黯淡的火光，唯獨人類例外[319]。即使是最瘦的人類，也比最肥胖的猿類儲存更多的脂肪。聰明的動物擁有良好的隔熱層，才有足夠的裝備來應對冰河時期無盡的寒冷。

脂肪還有另外一個目的。兩性之間的差異有很大部分是脂肪儲存量的不同。成年男性體內平均含有占體重約百分之十六的脂肪，而女性體內脂肪則占體重的百分之二十三。這種差異十分顯著。體內的能源是生育和懷孕的重要先決條件，特別是在資源匱乏的時期，因此，選擇機制有利於那些擁有豐滿、圓潤曲線的女性，因為她們具有最佳的生育前景[320]。

然而，腦部大也會有問題。腦部大意味著頭部也大。人類嬰兒的頭很大，出生時很困難。嬰兒在出生時，頭部必須先九十度旋轉，然後通過母親的骨盆，再從陰道誕生。這樣的代價一直都由母親承擔，她們在過程中面臨很高的死亡風險，直到最近才有所改善。人類嬰兒處於一種相對無助的狀態。如果等到他們發育得更好，或許更能應付這個世界，但是如此一來，卻可能因為體型太大而無法通過產道，根本無法出生。懷胎九個月代表了嬰兒與母親之間一個令人不安的妥協：初生嬰兒柔弱無助，必須盡快獨立應對外部世界；但是母親如果再等下

319 詳見 Navarrete *et al.*, 'Energetics and the evolution of human brain size', *Nature* **480**, 91–93, 2011；R. Potts, 'Big brains explained', *Nature* **480**, 43–44, 2011。

320 有些男性偏愛曲線玲瓏、身材豐滿的女性，天擇比較青睞這些男性。請參閱：D. W. Yu and G. H. Shepard, Jr, 'Is beauty in the eye of the beholder?', *Nature* **396**, 321–322, 1998。

去，丟出死亡骰子的機率就愈高。

這個妥協不利於任何一方。若是一個物種的幼兒在出生時完全無助，即使順利誕生，也需要很多年才能長大成熟，而且母親還得面臨著很高的死亡風險——那麼這個物種可能很快就會滅絕。解決方案是一個劇烈的改變，不過卻發生在生命的另一端。這種變化就是停經。

停經是另一項人類獨有的演化創新。一般來說，不管是哺乳動物還是其他動物，任何生物如果因為太老而無法繁殖，都會很快的老化和死亡。然而，人類女性即使中年失去生育能力，仍可望享受數十年的有用生命，最後還能撫養更多的小孩。

大腦容量擴增以及隨之而來的初生嬰兒無助狀態，伴隨著祖母的出現[321]：停經後的婦女可以幫助女兒撫養孫子。天擇的邏輯並沒有指定由誰來撫養小孩長大，只要有人撫養就行了。只是正好，一個為了協助女兒撫養孫輩而停止生育的婦女，平均而言，會比自己繼續生育，並且在跟女兒爭奪資源的情況下，撫養更多的後代。長此以往，那些依靠停經後婦女幫助撫養孩子的人類族群，就可以將更多的孩子撫養到生育年齡；而那些無法利用如此寶貴資源的族群就消失了。合作戰勝了不安的妥協。

繁殖會消耗掉從事其他工作所需的能量。一般來說，在繁殖與壽命之間存在著取捨權衡。因此，透過在中年停止生育，人類女性實際上增加了她們的生殖產出——同時還享有更長的壽命。大腦容量擴增導致了出生時預期壽命的延長，從直立人的二十多歲到尼安德塔人和現代人的四十來歲。

儘管演化的壓力對男性和女性的作用不同，但是他們的基因相同，往不同方向作用的選擇力量對基因施加了不同的壓力，因此導致兩性之間的戰爭——一個基因，兩個主人。結果又是一次妥協。因為女性必須囤積較多的脂肪，以便將孩子帶到這個世界上，結果男性的脂肪也跟著多了起來，只是沒有那麼多；又因為女性演化出停經，活得更久，結果男性的壽命跟著變長，只是沒有那麼長[322]。結果就是在古人類社會中引入了一個新的階層——長老，有男也有女。在文字發明之前，長老們被視為知識、智慧、歷史和故事的寶庫。

在演化過程中，第一次出現了可以將知識傳播給不只一代的物種。許多動物都有學習能

321 詳見 K. Hawkes, 'Grandmothers and the evolution of human longevity', *American Journal of Human Biology* **15**, 380–400, 2003。不用說，這個祖母理論跟人類生命史的其他演化理論一樣，都有很多爭議，但是我覺得這個看法最說得過去。

322 這也是男性為什麼會有乳頭的原因，因為女性有胸部和乳頭，所以男性也有，只是比較小，也沒有功能。他們也必須因此付出代價：男女兩性都會罹患乳癌，只是男性比較罕見。弔詭的是，女性在選擇交配對象的喜好演化上，仍然維持選擇男性有害的特徵。請參閱 P. Muralidhar, 'Mating preferences of selfish sex chromosomes', *Nature* **570**, 376–379；M. Kirkpatrick, 'Sex chromosomes manipulate mate choice', *Nature* **570**, 311–312, 2019。

力。鯨和鳥類都會從其他同類那裡學習歌曲；小狗從其他同類那裡學習遊戲規則；人類嬰兒也會無意識地模仿周遭人類，藉以學習語言。據我們所知，人類不只會學習，還會教導，這在動物中是獨一無二的[323]。這一切都要歸功於長老。當部落內的年輕成員正在撫育幼兒或是外出打獵時，那些比較沒有直接生產力的長者，就將他們儲存的知識傳授給新的一代——這些孩子因為有漫長的童年（出生時的發育相對尚未成熟的結果），所以有很長的時間來獲取這些知識。抽象訊息變成了與卡路里同樣重要的生存貨幣，導致了爆炸性的後果。而這一切都始於冰河時期——在那個時候，儲存脂肪和擁有更大腦部首次成為靈長類動物的優勢。

在歐亞大陸的寒冷加劇之際，非洲也變得乾旱。稀疏的大草原逐漸變成乾燥的沙漠，其中點綴著像幻象一樣短暫的水池。生存成了一場持續不斷的鬥爭。額外儲存的脂肪在此也是一個優勢，就跟居住在靠近冰原的地區一樣。人類透過適性演化，發展出根據生活條件枯榮變化的新陳代謝——他們可以連續好幾天不吃東西，但是一旦捕獲獵物，卻可能會狼吞虎嚥到瀕臨疼痛的邊緣，直到他們真的再也吃不下任何東西，甚至連動都不能動——以便盡可能吸收更多的營養，讓他們能夠生存到下一頓飯，天知道是什麼時候。人類吃得津津有味，彷佛任何一餐都可能是他們的最後一餐[324]。

儘管持續面臨滅絕的威脅——甚至可能正因為如此——直立人的後裔在非洲地區，也跟在其他地方一樣，展現了多樣性的發展[325]。然後，大約在三十幾萬年前——正當第一批尼安德塔人逐漸適應歐洲的冰冷氣候時——一種新的古人類在非洲出現了。這是很罕見的物種，但是種類繁多，散布於整個大陸[326]。看到這些人，就如同看到鏡中的自己一樣，因為他們是第一

323 我要感謝 Simon Conway Morris 提供了這個洞見。

324 Jared Diamond 認為第二型糖尿病的增加，是突然轉向西方生活型態的結果，尤其是對以前都只吃最小限量食物來維特生命的人來說。在西方生活型態中，少有飢餓的機會，反而進食過量含糖食物是司空見慣的事。請參閱 Diamond, 'The double puzzle of diabetes', *Nature* **423**, 599–602, 2003。

325 羅德西亞人（*Homo rhodesiensis*）是一種跟海德堡人很像的物種，大約三十萬年前生活在中非（Grün *et al.*, 'Dating the skull from Broken Hill, Zambia, and its position in human evolution', *Nature* **580**, 372–375, 2020），但是還有其他的人種。有一種古人類擁有非常古老的頭顱，一直到一萬一千年前，都還居住在奈及利亞（Harvati *et al.*, 'The Later Stone Age calvaria from Iwo Eleru, Nigeria: morphology and chronology', *PLoS ONE* https://doi.org/10.1371/journal.pone.0024024, 2011）。另外也有證據顯示，非洲還有更古老的人類物種，但是只有破碎的 DNA 保存在現代人類的體內——就如同許多柴郡貓一樣，從我們的視線中消失，只留下一抹微笑（相關例證，請參閱 Hsieh *et al.*, 'Model-based analyses of whole-genome data reveal a complex evolutionary history involving archaic introgression in Central African Pygmies', *Genome Research* **26**, 291–300, 2016）。

326 有關智人活動的已知最早證據是三十一萬五千年前出現在摩洛哥（詳見 Hublin *et al.*, 'New fossils from Jebel Irhoud, Morocco, and the pan-African origin of *Homo sapiens*', *Nature* **546**, 289–292, 2017；Richter *et al.*, 'The age of the hominin fossils from Jebel Irhoud, Morocco, and the origins of the Middle Stone Age', *Nature* **546**, 293–296, 2017；Stringer and Galway-Witham, 'On the origin of our species', *Nature* **546**, 212–214, 2017）。其他智人的早期樣本，包括在衣索匹亞的

批出現的人類物種——智人。

這些新的生物在表面上看起來很像人類，不過在表面下卻不盡然。起初，智人只是一種原料。現代人類還要經過二十五萬年的失敗焠煉，才會變得堅強起來，因為在智人生存期間，前百分之九十八的時間都是令人心碎的悲劇——如果有任何參與其中的成員能夠活下來講述智人故事的話。然而，幾乎所有的人都死了，這個物種也幾乎完全滅絕。

不過，他們在這個旅程中，從非洲境內和境外的其他古人類那裡獲得了 DNA 成分，拓展了他們的基因庫。智人是一個擁有多個父母的物種，每個父母都將自己獨特的風味添加到了最後終於成功的混合體中——儘管困難重重。

從一開始，智人就已經在他們非洲中心地帶以外的地區活動，在大約二十萬年前進入南歐，並在十八萬至十萬年前進入地中海東岸[327]。但是這些遠行幾乎沒有留下任何痕跡，就像留在沙漠中的水痕一樣。智人仍然是屬於熱帶的物種，只是偶而造訪溫帶地區。若說非洲的生活條件很嚴峻，那麼歐亞大陸的生活條件就更嚴峻了。而且，就算智人堅持留在歐亞大陸，也會發現此路不通，因為被尼安德塔人擋住了。尼安德塔人在他們的鼎盛時期，文化程度要高得多，而且早已習慣了歐洲的長期寒冷，可以打持久戰。他們可能根本沒有注意到人類，即使有的話，可能也只是將其視為偶一出現的訪客，就像夏日黎明前的一層薄霜。

✳

對於留在非洲中心地帶的新物種來說，情況也好不到哪裡去。事實上，隨著冰河時期的流逝，情況變得越來越糟。從一開始就不是那麼常見的智人族群，到後來就逐漸消失了——先是從一個地方消失，然後又從另一個地方消失，就算不是滅絕，也是跟其他古人類物種雜交，產下了混血物種，只是這些混血兒最後也消失了。後來，尚比西河以北的智人幾乎全部消失。到最後，智人被局限在如今的卡拉哈里沙漠（Kalahari Desert）西北邊緣的一片綠洲，

---

基比許（Kibish）出土的遺駭，可以追溯到十九萬五千年前（McDougall *et al.* 'Stratigraphic placement and age of modern humans from Kibish, Ethiopia', *Nature* **433**, 733–736, 2005），以及同樣在衣索匹亞的阿瓦希（Awash）中部出土的遺骸（詳見 White *et al.*, 'Pleistocene *Homo sapiens* from Middle Awash, Ethiopia', *Nature* **423**, 742–747, 2003；Stringer, 'Out of Ethiopia', *Nature* **423**, 693–695, 2003）。

327 詳見 Harvati *et al.*, 'Apidima Cave fossils provide earliest evidence of *Homo sapiens* in Eurasia', *Nature* **571**, 500–504, 2019；McDermott *et al.*, 'Mass-spectrometric U-series dates for Israeli Neanderthal/early modern hominid sites', *Nature* **363**, 252–255, 1993；Hershkovitz *et al.*, 'The earliest modern humans outside Africa', *Science* **359**, 456–459, 2018。

就在奧卡萬戈三角洲（Okavango Delta）的東部。

在冰河時期初期，這個地區曾經是一片鬱鬱蔥蔥，有馬加迪卡迪湖（Lake Makgadikgadi）的湖水澆灌，最大面積一度相當於瑞士。隨著非洲持續乾旱，湖泊分裂成由較小的湖泊、水道、濕地與樹林組成的景觀，有長頸鹿和斑馬漫步其中。

大約二十萬年前，最後一批殘存的智人，衣衫襤褸地來到馬加迪卡迪濕地，在其間的池塘和蘆葦叢中避難，有點像是幾千年後的阿佛烈大帝在阿瑟爾尼沼澤建立最後的堡壘，在此重新集結、整軍待發，燒焦了幾個蛋糕之後[328]，又復出打敗丹麥人，奪回威塞克斯王國。如果說英格蘭王國始於阿瑟爾尼，那麼人類本身的根源很可能就在馬加迪卡迪濕地。如果世界上真有伊甸園的話，應該就在那裡了[329]。

智人就像醜小鴨一樣，在馬加迪卡迪濕地隱藏了七萬年。等到他們再次現身時，就已經變成天鵝了。

數萬年來，馬加迪卡迪濕地一直都是一片綠洲，周圍環繞著日益荒涼、不適合居住的地形——乾燥的沙漠和鹽田。智人在此地落腳之後，就再也離不開了。直到大約十三萬年前，太陽開始發威，對地球照射出比前一段時間更明亮的光。天體運行異常、地球軸心傾斜和歲差，都形成一段氣候相對比較溫暖的時期，是地球這幾千年來前所未見的。

在歐洲，巨大的冰川被幾乎被熱帶氣候所取代——儘管時間很短。對英國來說，這是一段罕見的時期，獅子在特拉法加廣場嬉戲，大象在劍橋吃草，河馬在現在的桑德蘭市打滾。英國如此，非洲也是一樣——氣候都變得溫和起來。最新一代智人發現馬加迪卡迪濕地以外的沙漠，已經變成一片草海。

於是，他們也跟著獵物搬遷——而且很快就完全撤離，因為不久之後，馬加迪卡迪濕地就完全乾涸了。今天，那裡是一片鹽漠，除了藍綠菌外殼之外，沒有任何更複雜的生物可以生存，彷彿回到地球上生命初始的日子。

---

328 譯註：阿佛烈大帝（King Alfred）是盎格魯－撒克遜英格蘭時期威塞克斯王國（Kingdom of Wessex）國王，也是英國歷史上第一個以「盎格魯－撒克遜人的國王」自稱之人。他率眾抵抗海盜民族維京人的侵略，使英格蘭大部分地區回歸盎格魯－撒克遜人的統治。據傳，他在跟丹麥人對抗時，一度撤退到桑默塞平原（Somerset Levels），躲到一名農婦家中，她不知道他的身分，於是叫他照看在火上烤著的蛋糕，結果阿佛烈大帝因心事重重，不小心將蛋糕烤焦了，還遭到農婦的叱責。

329 詳見 Chan *et al.*, 'Human origins in a southern African palaeo-wetland and first migrations', *Nature* **575**, 185–189, 2019。

智人隊伍追蹤獵物朝南方遷徙，最後來到非洲最南端的海岸。當時，他們發展出一種全新的生活模式，以海洋中豐富的蛋白質維生。對於原本生活拮据的人類來說——他們只能靠著啃食堅硬的樹根、採摘不可預期的果實、追捕那些容易受到驚嚇又天性警覺的獵物維生——海洋是一場超乎想像的盛宴。富含蛋白質和必需營養素的貝類根本不會逃，美味又帶鹽分的海藻和魚，比黑斑羚羊或瞪羚更容易捕獲。

在歷經了長期的困頓之後，這些早期在海灘拾荒尋寶的人似乎集體鬆了一口氣，生活變得更加穩定，並開始做一些人類以前從未做過的事情。他們一邊享用大餐，一邊互相佩戴用貝殼珠串起來的項鍊，用木炭和紅赭石塗抹在自己身上[330]，在鴕鳥蛋殼上雕刻出有交叉線條圖案的標誌，並在岩石上塗抹紅赭石[331]。可以肯定的是，尼安德塔人，乃至於直立人，雖然也偶爾會雕刻貝殼，但是智人卻是更認真、更投入地在做這些事情。

起初，這些技術似乎像鬼火一樣出現了又消失，彷彿人類偶爾會失去某些技巧或愛好似的。不過，隨著人口緩慢增加和傳統逐漸鞏固，使用的技術愈來愈成熟，也愈來愈習慣。此外，這些海邊居民也開始以新的方式利用岩石。他們並沒有將岩石鑿成可以握在手上的物品，而是做成了體積更小、更精心製作、且經過淬火硬化的零件，例如可以裝在箭上的箭頭。也就是說，他們發明了可以擲射的武器。可以遠距離殺死獵物的武器，對攻擊者來說，風險相對較小[332]。

其他從伊甸園流放出來的人，則朝著相反的方向，也就是向北挺進。尚比西河就是他們的盧比孔河[333]。他們來到東非，遇到來自非洲最南端的移民，引進了他們的先進技術——化妝品、貝殼項鍊，還有最重要的，他們的弓與箭——帶來了爆炸性的結果。東非的智人族群從幾個小群體擴展到了一個比蜉蝣生物還要更成功的群體[334]。到了大約十一萬年前，他們的足跡再次遍布整個非洲，也再一次向外邁出新的步伐。

這一次，他們會留下來。

330 詳見 Henshilwood *et al.*, 'A 100,000-year-old Ochre-Processing Workshop at Blombos Cave, South Africa,' *Science* **334**, 219–222, 2011。

331 詳見 Henshilwood *et al.*, 'An abstract drawing from the 73,000-year-old levels at Blombos Cave, South Africa,' *Nature* **562**, 115–118, 2018。

332 詳見 Brown *et al.*, 'An early and enduring advanced technology originating 71,000 years ago in South Africa,' *Nature* **491**, 590–593。

333 譯註：盧比孔河（Rubicon）是位在義大利北部的河流。西元前四九年，凱撒率領軍團橫渡盧比孔河，揮軍南下，向羅馬進攻，最後建立了羅馬帝國。因此，「渡過盧比孔河」便成了一個諺語，比喻破釜沉舟，沒有退路。

334 詳見 Rito *et al.*, 'A dispersal of *Homo sapiens* from southern to eastern Africa immediately preceded the out-of-Africa migration,' *Scientific Reports* **9**, 4728, 2019。

就像夜空中的一顆火球。大約七萬四千年前，蘇門答臘島上一座名為多峇山（Mount Toba）的火山爆發了，是數百萬年來在地球上發生過的災難性事件之一[335]。這個意外讓已經衰退的溫暖時期戛然而止。火山碎片如雨點般落在整個印度洋地區，最遠甚至還飄到南非海岸[336]。數百立方公里的火山灰被拋入大氣中，讓整個世界陷入突如其來的冰川酷寒之中。

如果再早一點，這場災難可能已經讓新生的人類從地球表面徹底消失。但是，這一次，智人好像幾乎沒有停下腳步。在那個時候，我們人類物種已經從非洲擴散到印度洋盆地周圍。印度曾經出現過會敲擊燧石的人類[337]，後來漫遊到蘇門答臘島本土[338]——也就是火山爆炸的中心——最遠還到達中國南部。

當智人離開馬加迪卡迪綠洲時，他們做的第一件事，就是前往海灘。後來，當人類離開非洲時，他們也是這樣做：先是沿著海岸線，穿過阿拉伯半島南部和印度，進入東南亞。如果氣候允許的話，他們也沿著河道向內陸移動，進入大草原。

此事不該視為摩西式的大規模出走：比較像是一系列本身較小規模的事件，但是結合起來卻創造出看似事先已經決定好的模式。當時的人並沒有仰望地平線，預想到這是一次英勇的行為，走向某種明確的命運。地面上的人類一輩子或多或少都生活在同一個地方。人口壓力顯示，有些人可能會遷徙，或許到下一個岬角以外的地方，但是險惡的天候會迫使這樣的遷徙逆轉。此外，不同但相鄰部落的人類，透過交錯的關係，在節日期間聚會、唱歌、跳舞、吹牛，並選擇伴侶。就跟所有靈長類動物一樣，女性一旦交配，就會離開祖先的國家，與配偶的家人一起在某個遙遠的地方安頓下來——也許是河的對岸，或者要翻過下一座山頭[339]。

因此，遷徙不是單一事件，而是一系列的小事件。不過事實證明，這種遷徙確實具有整體形態，會隨著地球軌道週期所影響的定期氣候變化而脈動，尤其是兩萬一千年的歲差週

---

335 多峇火山爆發讓一八一五年同樣位於印尼的著名坦博拉火山（Tambora）爆發相形見絀——那一次的火山爆發導致了地球上的「無夏之年」。當時一群激進青年原來打算去過暑假，結果只好躲在日內瓦湖畔的一棟別墅裡，以編撰恐怖故事為樂。十幾歲的瑪麗．雪萊就是其中一員，她寫出了一篇名為〈科學怪人〉（又名〈現代普羅米修斯〉）的情色恐怖小說。顯然，她是走在時代尖端的前鋒。

336 詳見 Smith *et al.*, 'Humans thrived in South Africa through the Toba eruption about 74,000 years ago', *Nature* **555**, 511–515, 2018。

337 詳見 Petraglia *et al.*, 'Middle Paleolithic assemblages from the Indian Subcontinent before and after the Toba super-eruption', *Science* **317**, 114–116, 2007。

338 詳見 Westaway *et al.*, 'An early modern human presence in Sumatra 73,000–63,000 years ago', *Nature* **548**, 322–325, 2017。

339 南方古猿就是這樣的情況。南方古猿的牙齒琺瑯質中微量元素的化學分析表明，較小的個體（推測是雌性）在其一生中遷徙的距離比雄性更遠。請參閱 Copeland *et al.*, 'Strontium isotope evidence for landscape use by early hominins', *Nature* **474**, 76–78, 2011；M. J. Schoeninger, 'In search of the australopithecines', *Nature* **474**, 43–45, 2011。

期[340]。人類遷徙時會追隨他們的星星——只是在不同的時間，會有不同的星星。

人類這個物種在距今十萬六千至九萬四千年前的這段期間，似乎腳特別癢，當時他們遍布一度適合居住的阿拉伯半島南部，並且進入印度；到了八萬九千至七萬三千年前之間，他們來到東南亞島嶼；而在五萬九千至四萬七千年前之間，甚至到了澳洲——這也是人類穿越阿拉伯半島進入亞洲最繁忙的一段期間[341]；最後，在四萬五千至兩萬九千年前，整個歐亞大陸——包括在高緯度地區——都被徹底佔領，還有人嘗試進入美洲或是返回非洲。

這也不是說人類在其他時間都靜止不動，只是說這些時期的氣候夠溫和，最有利於遷徙。有時候，不斷擴散的人口會出現分裂。例如，多峇火山爆發後的寒冷、乾燥時期，就切斷了非洲人類與南亞人類之間的連結。他們一萬年內都沒有再見面。

在遷徙途中，人類遇到了其他古人類。這些相遇相當罕見；其結果也有所不同。有時候，部落之間若是意識到彼此之間的差異，就會發生爭鬥；至於其他時候，則會像遠道而來的表親一樣互相打招呼，意識到他們畢竟並不像表面看起來那麼不一樣。他們的聯繫方式是彼此交換故事和伴侶。現代人類在地中海東岸遇到了尼安德塔人，並與其雜交。因此，凡是祖先不完全是來自非洲的現代人類，都有一些尼安德塔人的 DNA[342]。在東南亞，遷徙的人類將丹尼索瓦人的基因加入人類基因庫中——原來山地居民的後代，現在早已適應了平地的生活。如今，住在東南亞和太平洋島嶼的人身上所有的丹尼索瓦人基因，跟過去住在山地要塞發源地的丹尼索瓦人就已經南轅北轍了。但是在命運的奇妙轉折中，讓現代西藏人能夠在世界屋脊稀薄的空氣中無憂無慮生活的基因，卻是來自永恆雪國（Eternal Snows）[343]的人所遺留下來的臨別贈禮——他們這個物種在過了三萬年後消失了，被智人崛起的大浪潮所吸收。

大約四萬五千年前，現代人類終於在多個戰線進軍歐洲，從東部的保加利亞到西部的西班牙和義大利[344]。在歐洲獨霸了二十五萬年的尼安德塔人，雖然擊退智人早期所有的入侵，然

340 詳見 A. Timmermann and T. Friedrich, 'Late Pleistocene climate drivers of early human migration', *Nature* **538**, 92–95, 2016。

341 詳見 Clarkson *et al.*, 'Human occupation of northern Australia by 65,000 years ago', *Nature* **547**, 306–310, 2017。

342 例如，請參閱 F. A. Villanea and J. G. Schraiber, 'Multiple episodes of interbreeding between Neanderthals and modern humans', *Nature Ecology & Evolution* **3**, 39–44, 2019 及其評論 F. Mafessoni, 'Encounters with archaic hominins', *Nature Ecology & Evolution* **3**, 14–15, 2019；Sankararaman *et al.*, 'The genomic landscape of Neanderthal ancestry in present-day humans', *Nature* **507**, 354–357, 2014。

343 詳見 Huerta-Sánchez *et al.*, 'Altitude adaptation in Tibetans caused by introgression of Denisovan-like DNA', *Nature* **512**, 194–197, 2014。

344 詳見 Hublin *et al.*, 'Initial Upper Palaeolithic *Homo sapiens* from Bacho Kiro Cave, Bulgaria', *Nature* **581**, 299–302, 2020；相關報告 Fewlass *et al.*, 'A 14C chronology for the Middle to Upper Palaeolithic transition at Bacho Kiro Cave, Bulgaria', *Nature Ecology & Evolution* **4**, 794–801, 2020；以及評論 Banks, 'Puzzling out the Middle-to-Upper Palaeolithic transition', *Nature*

而這一次，他們的勢力銳減，到了四萬年前，這個在冰河時期達到巔峰的物種，幾乎已經滅絕了[345]。

他們滅絕的原因也有很多爭論。他們可能跟現代人類發生爭鬥，但是肯定曾經跟現代人類雜交[346]。面對一個繁殖速度稍快、而且勢力範圍可能擴及距離家鄉更遠之處的物種，尼安德塔人說不定完全沒有招架之力，就全部消失了[347]。到頭來，來到歐洲的現代人類愈來愈多，以致碩果僅存的尼安德塔人只好躲藏在他們最後且偏遠的堡壘中——從西班牙南部[348]到俄羅斯北極地區[349]——最後因為人數太少，分布又太廣，無法找到自己的同類交配[350]。

尼安德塔人的人口向來不多。隨著族群變得愈來愈小，近親繁殖和事故的影響造成了更大的損失。任何人類社會都會有一個臨界點，如果族群小到某個程度，就會無法存續。人口缺乏無疑是導致族群滅絕的最主要原因[351]。最後，就只能與入侵者雜交。在羅馬尼亞的一個洞穴中找到一塊四萬年前的人類頷骨，其中的 DNA 顯示，這塊骨骸主人的曾祖父母中，有一位是尼安德塔人[352]。

⁂

現代人類從東歐沿著多瑙河而行；在多瑙河的源頭，存有文化繁榮昌盛的證據[353]。他們製

*Ecology & Evolution* **4**, 775–776, 2020。同時也請參閱 M. Cortés-Sanchéz *et al.*, 'An early Aurignacian arrival in south-western Europe', *Nature Ecology & Evolution* **3**, 207–212, 2019；Benazzi *et al.*, 'Early dispersal of modern humans in Europe and implications for Neanderthal behaviour', *Nature* **479**, 525–528, 2011。

345 詳見 Higham *et al.*, 'The timing and spatiotemporal patterning of Neanderthal disappearance', *Nature* **512**, 306–309, 2014 及其評論 W. Davies, 'The time of the last Neanderthals', *Nature* **512**, 260–261, 2014。

346 在倫敦皇家學會的一次古代 DNA 研討會上，有位講者提到這個敏感話題，一位年長觀眾用難以置信的尖銳口吻問道：「你是說，他們交配了嗎？」。我坐在觀眾席後面的某個地方，很想站起來，用同樣果斷的語氣回答說：「他們不僅交配了，而且他們的組合還很幸福！」但是最後我留在座位上沒動。

347 詳見 Koldony and Feldman, 'A parsimonious neutral model suggests Neanderthal replacement was determined by migration and random species drift', *Nature Communications* **8**, 1040, 2017；以及 C. Stringer and C. Gamble, *In Search of the Neanderthals* (London: Thames & Hudson, 1994)。在其他物種身上也觀察到類似的機制。以北美灰松鼠為例，他們在十八世紀被引進英格蘭，兩百年後，就幾乎取代了本土的紅松鼠，因為他們繁殖的速度更快，也以更強悍的態度保護自己的領地。請參閱 Okubo *et al.*, 'On the spatial spread of the grey squirrel in Britain', *Proceedings of the Royal Society of London* B, **238**, 113–125, 1989。

348 詳見 Zilhão *et al.*, 'Precise dating of the Middle-to-Upper Paleolithic transition in Murcia (Spain) supports late Neandertal persistence in Iberia', *Heliyon* **3**, e00435, 2017。

349 詳見 Slimak *et al.*, 'Late Mousterian persistence near the Arctic Circle', *Science* **332**, 841–845, 2011。

350 詳見 Vaesen *et al.*, 'Inbreeding, Allee effects and stochasticity might be sufficient to account for Neanderthal extinction', *PLoS ONE* **14**, e0225117, 2019。

351 詳見 J. Diamond, 'The last people alive', *Nature* **370**, 331–332, 1994。

352 詳見 Fu *et al.*, 'An early modern human from Romania with a recent Neanderthal ancestor', *Nature* **524**, 216–219。

353 詳見 Conard *et al.*, 'New flutes document the earliest musical tradition in southwestern Germany', *Nature* **460**, 737–740, 2009。

作了動物、人類、獸頭人身的雕塑，甚至還有鴨子的淺浮雕，可以掛在乏味的洞穴牆壁上[354]。他們一再地製作肥胖、懷孕和巨乳女性的雕塑——深刻表達出在一個尚未遠離飢餓的社會中，豐足和繁殖能力的重要性，也是對更高力量的籲求。

歐亞大陸兩端的洞穴牆壁上，也差不多同時出現了動物的圖像。法國和西班牙洞穴壁畫的名聲其來有自，但是在印尼的蘇拉威西島和婆羅洲，亦出現類似的壁畫[355]。這些壁畫內容也是描繪某種儀式。洞穴壁畫往往出現在具有聲學共鳴的空間。這些圖畫似乎只是某種儀式的其中一個組成部分，另外還包括音樂和舞蹈[356]。

當人類成年後，薩滿巫師會邀請他們進入這些儀式空間，正式成為部族的一分子。這些入會的人會塗抹紅赭石或煙灰，並在洞穴的牆上留下手印——這是儀式的一部分——就好像在生命冊上留下自己的印記一樣，彷彿在說：「我在這裡。」

經過四十五億年的無意識騷動，地球誕生了一個已經意識到自己的物種。他們想知道，接下來要做什麼？

354 Conard, 'Palaeolithic ivory sculptures from southwestern Germany and the origins of figurative art', *Nature* **426**, 830–832, 2003。

355 詳見 Aubert *et al.*, 'Pleistocene cave art from Sulawesi, Indonesia', *Nature* **514**, 223–227, 2014；Aubert *et al.*, 'Palaeolithic cave art in Borneo', *Nature* **564**, 254–257, 2018。

356 Lubman, 'Did Paleolithic cave artists intentionally paint at resonant cave locations?', *Journal of the Acoustical Society of America*, **141**, 3999, 2017。

# 12

# 未來的過去

所有繁榮的物種都有著同樣的快樂，但每個面臨滅絕的物種卻各有不同的方式[357]。

由於氣候變化，森林被分解成小樹林，各自孤立，散落在曾經是一片樹海的草原上。隨著冰帽融化，陸地被淹沒，留下了曾經是山頂的孤島。

原本更大的世界如今只剩下殘存的陸地，對於那些依附在殘山剩水的生命形態來說，他們會怎麼樣呢？

有些群體利用這種隔離的優勢，演化成奇怪的新形式。比方說，我們會想到弗洛勒斯人和他們獵殺的侏儒象。然而，許多其他遭到隔離的群體卻發現自己的種群太小，無法生存。可能是食物或水源太少，或是個體無法找到交配對象，抑或是即使找到了，也可能是近親，結果不得不走上近親繁殖的道路[358]。還有一些群體則根本無法適應，仍舊抱殘守缺，試圖在已經發生巨變的環境中依照舊有的習慣生活下去[359]。個體或因遺傳疾病，或因年齡或是意外，一個接著一個地死亡，留下來的後代愈來愈少，直到最後一個都不剩，整個種群就遭到滅絕了。

最後，當某個物種的所有其他種群都失敗了——每個種群都被困在曾經廣闊的破碎棲地裡，獨自面對痛苦——最後倖存的種群就必須面臨更大的風險，遭逢一些非常具體、非常本土的災難。這幾乎可能是任何事情，遠至小行星撞擊帶來的末日災難，近至熔岩地的泥漿爆發，也可能是土石流導致唯一的食物來源消失，或是看似平淡無奇的事情，例如推平他們的最後一塊棲地，為大型建設鋪路。

其他物種可能看起來枝繁葉茂，沒有理由擔心自己即將消失。但是更仔細的檢視可能會發現，他們在生命冊上早已透支，注定要滅絕，彷彿他們在鼎盛時期就遭到死神鎖定。這些物種居住在早已習慣的棲地中，可能數量很多，但是只要棲地消失——即使只是縮小一點

---

357 我稱之為「安娜卡列尼娜原則」。不用客氣。（編按：原句為「所有幸福的家庭都有著同樣的幸福，但不幸的家庭則各有各的不幸。」）

358 Chris Beckett 的小說《*Dark Eden*》（Corvus, 2012），講述了 John Redlantern 的故事，他是被困在遙遠星球上的兩名太空人所留下來的五百三十二個後代之一。這是一個令人心酸的故事，講述了一個小社群儘管因為近親繁殖受到先天畸形的影響，仍不顧一切地努力求生存。

359 我們會想到一種叫做七月金（*Dedeckera eurekensis*）的植物的悲慘故事。這是一種只產於美國加州莫哈韋沙漠（Mojave Desert）的灌木，原本在較溫和的環境中演化出來，但是因為不能適應環境，導致了一連串的基因異常，幾乎完全失去繁殖能力。請參閱 Wiens *et al.*, 'Developmental failure and loss of reproductive capacity in the rare palaeoendemic shrub *Dedeckera eurekensis*', *Nature* **338**, 65–67, 1989。

——就可能導致他們滅絕無疑。毫不誇張地說，他們是靠著借來的時間過活的。例如，蝴蝶和飛蛾從白堊草原上消失，最好的解釋就是他們的棲地在過去幾十年內遭到移除，而不是現在的棲地消失[360]。這些物種都是欠下了所謂的「滅絕債」[361]。

然而，其他物種卻會因為某些原因降低繁殖率，於是死亡率就超過人口替代率。智人在創造許多不同物種滅絕的條件上，可說是功不可沒。基於同樣的原因，智人本身也可能容易受到一種或多種不同滅絕方式的影響。

在遙遠過去發生的大規模滅絕事件，因為年代太過久遠，我們很難從災難的噪音和混亂中找到個別的故事。

舉例來說，二疊紀末期大滅絕的最終原因，是西伯利亞熔岩上湧，釋放出氣體，透過溫室效應，導致大氣溫度急劇升高，毒化了空氣和海洋。但是，無論這次事件造成多大的災難，也無論有多少生物遭遇共同的苦難，每一種動物或植物、每一種珊瑚蟲和盤龍，死亡的方式都各不相同。因此，這種大滅絕是許多個體英年早逝的總和，而每一個死亡都是一個獨特的悲劇。

大約一萬年前，更新世結束時，整個歐亞大陸、美洲和澳洲，所有比大型犬體型更大的動物幾乎都消失了。滅絕的最終原因可能是貪婪的人類蔓延；又或者，也可能是更新世常見的那種劇烈的氣候變化。最有可能的原因是此二者疊加。

然而，更新世末期的滅絕在時間上比二疊紀末期的災難離我們更近，事件留下來的痕跡也更新鮮，因此可以更仔細地檢視，也可以追蹤單一物種的命運[362]。

例如，兩種在冰河時期代表性的物種——巨鹿（俗稱「愛爾蘭麋鹿」）和長毛象——他們的棲地在短短幾千年內急劇縮小，這種棲地驟減與氣候和他們賴以生存的植被產生劇變同時發生[363]。狩獵也會加速遲早會發生的死亡。巨鹿和長毛象或許已經消失，但是他們留下豐富的化石，並且可以精準地測定年代，因此可以詳細地勾勒他們衰敗和滅亡的經過。如果他們是在二疊紀末期滅絕的話，我們可能只能說他們不見了，就這樣，沒了。

---

360 詳見 A. Sang *et al.*, 'Indirect evidence for an extinction debt of grassland butterflies half century after habitat loss', *Biological Conservation* **143**, 1405–1413, 2010。

361 詳見 Tilman *et al.*, 'Habitat destruction and the extinction debt', *Nature* **371**, 65–66, 1994。

362 詳見 A. J. Stuart, *Vanished Giants* (Chicago: University of Chicago Press, 2020)，書中對於更新世末期大滅絕有詳盡易懂的說明。

363 詳見 Stuart *et al.*, 'Pleistocene to Holocene extinction dynamics in giant deer and woolly mammoth', *Nature* **431**, 684–689, 2004。

更近期的滅絕事件則可以非常精確地確定年代。一六二七年，最後一頭野牛或稱原牛（*Bos primigenius*）在波蘭遭到射殺。隨著擁槍人群的擴散，這種滅絕是必然發生的。話雖如此，這仍然是最嚴重、最特別、也最令人心酸的滅絕：一顆子彈擊倒了一頭牛，結束了最後一隻野牛的性命，也終結了這個曾經在整個歐洲到處可見的物種。相較之下，在撰寫本文時，北方白犀牛（*Ceratotherium simum cottoni*）仍然存活在這個世界上。我們盡了極大的努力來確保剩下的個體不會喪命於神槍手的子彈之下，然後被人遺忘。然而，由於這個物種只剩下兩隻，又都是雌性，因此這只是時間的問題——而且不會太長。

然而，野牛和犀牛的情況略有不同。野牛屬於哺乳動物族譜中為數不多的分支之一——牛科，其他成員還包括山羊、綿羊和一大群羚羊物種——至今仍然繁衍生息。如果不是人類，野牛可能還存活在這個世界上。相形之下，犀牛早在漸新世就已經達到巔峰，當時犀牛和其他奇蹄類動物非常多樣化，只不過從那時候開始，就一直長期走下坡：多半是因為無法跟偶蹄類動物（例如牛科動物，野牛就是其中之一）競爭所致，人類只是加速了早在人類演化之前就已注定的終點。

目前，這個世界進入一系列冰河時期僅兩百五十萬年，而這些冰河時期還將持續數千萬年。冰已經變大又縮小了二十多次，導致了自始新世以來從未見過的氣候破壞。這還只是開始而已。隨著冰的每一次前進，每一次後退，獵物都會跟著改變。有些物種將會滅絕，其他的則欣欣向榮。那些在前一個冰河週期中蓬勃發展的生物，可能會在下一個週期滅亡[364]。在目前仍然進行中的一系列冰河時期結束之前，還有將近一百個冰河與間冰期週期。

智人已經獲得了當前這個週期的好處。大約十二萬五千年前，在上一次間歇溫暖期衰退到長期寒冷階段時，這個物種突然產生了自我意識，懂得利用低海平面遷徙，從一個孤島跳躍到另外一個孤島。

到了大約兩萬六千年前，當冰層擴張到最大程度時，人類已在整個舊世界安營扎寨，甚至還進入新世界[365]。只剩下馬達加斯加、紐西蘭、更遠的大洋洲島嶼和南極還沒有感受到人類

---

364 比方說，在我尚未出版和沒有人讀過的博士論文《*Bovidae from the Pleistocene of Britain*》（Fitzwilliam College, University of Cambridge, 1991）中，我證明了在最近一次的寒冷期中期，在英國很常見到一種小型、粗獷的野牛，但是隨著寒冷期的進展，他們被更大型野牛所取代。野牛在前一次伊普斯維奇間冰期（Ipswichian interglacial）也很常見，而且種類較多，生活在泰晤士河谷以外的英格蘭——當時，倫敦是原牛的國度。在霍克斯尼亞間冰期（Hoxnian），也就是在此之前的一、兩次間冰期，原牛很常見，但是到處都看不到野牛，有錢也買不到。甚至在此之前，在克羅默爾間冰期（Cromerian），則是沒有原牛，但是有野牛——另外一種野牛。英國的更新世沉積物很常見，並且（相對）容易按順序排列；如果是其他年代，例如二疊紀時代的沉積物，就不可能找到這樣的答案。

365 長期以來，我們一直認為人類到達美洲的時間不可能早於大約一萬五千年前。然而，新的考古學與修訂後的測年方法顯

腳步踩上海岸的壓力——不過他們很快就會過去了[366]。在這次前進中，所有的其他古人類物種都消失了。智人是最後一個，碩果僅存的一個。

在整個人類的歷史中，他們幾乎都是以狩獵、採集為生，也像所有聰明的採集者一樣，知道狩獵與採集的最佳地點。在最大冰層推進後不久，重複回到同一個地方去採收有用的植物，讓這些植物進行天擇，生產出最能吸引採收者的果實與種子。麵包師傅至少在兩萬三千年前就開始將野生小麥和大麥的種子研磨成麵粉，然後烘烤麵包[367]。在一萬年前的更新世末期，世界在多個不同地區或多或少都同時開始出現農業[368]。

也是從那個時候開始，人類的數量激增。目前，這個單一物種消耗了地球上所有植物光合作用產物的四分之一[369]。這樣的大量消耗，不可避免地意味著數百萬其他物種的資源減少，其中一些物種還因此消失。

然而，大部分人口增加確實是最近才發生的事。人口呈指數成長是我們仍記憶猶新之事。在我一生中，人口增加了一倍以上[370]；如果從我祖父母出生開始算起，人口增加了四倍。然而，對照地質年代，人類數量驟增的意義微乎其微。

大約從三百年前的工業革命後，地球開始感受到人類對這個星球所造成的衝擊，當時智人開始大規模地利用煤炭的力量。

煤炭是由能量豐富的石炭紀森林遺跡形成的。不久之後，人類學會如何找到並提煉石油，這是一種能量密集的液態碳氫混合物，是由浮游生物化石受到上方堆積的岩石緩慢擠壓與加熱，逐漸轉變而產生的物質。燃燒這些化石燃料比農業更能刺激人口成長——不過也僅限於過去幾代人。

---

示，人類在大約三萬年前，就已經在美洲出現，只不過數量很少。請參閱 L. Becerra-Valdivia and T. Higham, 'The timing and effect of the earliest human arrivals in North America', doi.org/10.1038/s41586-020-2491-6, 2020；Ardelean *et al.*, 'Evidence for human occupation in Mexico around the Last Glacial Maximum', *Nature* **584**, 87–92, 2020。

366 月球也是一樣，不過因為現在要講的是地球上的生命，所以我可以名正言順地將月球排除在外。

367 詳見 Piperno *et al.*, 'Processing of wild cereal grains in the Upper Palaeolithic revealed by starch grain analysis', *Nature* **430**, 670–673, 2004。

368 詳見 J. Diamond, 'Evolution, consequences and future of plant and animal domestication', *Nature* **418**, 700–707, 2002。

369 詳見 Krausmann *et al.*, 'Global human appropriation of net primary production doubled in the 20th century', *Proceedings of the National Academy of Sciences of the United States of America* **110**, 10324–10329, 2013。

370 如果有人好奇的話，我可以跟你們說：我出生於一九六二年。當年，貓王 Elvis Presley 的單曲〈Good Luck Charm〉是告示牌百大排行榜之首，也是英國流行音樂排行榜冠軍。

二氧化碳是化石燃料燃燒的重要副產品，另外還有二氧化硫和氮氧化物等其他氣體。石油加工會釋放出各種外來污染物，從鉛到塑膠不等；其結果包括溫度急劇升高、動植物的廣泛滅絕、海洋酸化損害珊瑚礁等等。整體結果與地函熱柱穿透有機沉積物衝到地表時可能發生的影響非常相似。

相較於地函熱柱的各種噴發導致二疊紀如此痛苦的結局，當前人類誘發的混亂將極為短暫。我們已經採取措施，減少二氧化碳的排放，並且尋找化石燃料以外的能源。人為造成的碳尖峰將會很高，不過卻非常窄——也許窄到無法長時間的偵測。

人類大量存在的時間還很短暫，所以在未來大約兩億五千萬年的時間裡，只會有很少的遺骸保存下來——如果有的話。未來的探勘者必須擁有靈敏度最先進的設備，才可能——只是可能而已——檢測到異常同位素的微弱痕跡，顯示在新生代冰河時期過後不久，發生了一**些事情**，但是他們可能無法準確地說出到底發生了什麼事。

在接下來的幾千年內，智人將會消失。部分原因是償還積欠已久的滅絕債務。人類占據的棲地幾乎遍及整個地球，而我們卻逐漸讓這個地方變得愈來愈不適合居住。

不過，最主要原因是人口替代失敗。人口數量可能會在本世紀達到巔峰，接著就會開始下降。到了二一〇〇年，這個數字將低於今天的數目[371]。儘管人類將採取許多措施來改善其活動對地球造成的損害，但是他們最多也只能再存活幾千年到幾萬年。

相較於在血緣上跟我們最接近的猿類近親，人類在遺傳學上已經非常同質化。這是人類歷史早期出現一個或多個遺傳瓶頸的跡象，隨後是快速擴張——這是遠古時期人類多次瀕臨滅絕所留下的遺跡[372]。滅絕是各種不同因素共同造成的結果，其中包括：因為史前時代深處發生的事件，造成遺傳變異不足；因為當前棲地喪失，造成滅絕債務；因為人類行為和環境的變化，造成繁殖失敗；以及比較本土的問題，例如小種群發現自己與其他同類隔絕等等。

儘管如此，冰河還是會多次向前推進再後退、前進再後退。人類造成的二氧化碳進入大

371 總生育率（TFR）——也就新生嬰兒必須超過死亡率的比率——是每個母親生育二·一個孩子：本來應該是二·〇，但是增加了一點點，補償早夭嬰兒的數目，同時反應男孩比女孩更可能夭折的事實。到二一〇〇年，（在研究的一九五個國家中），有一八三個國家的總生育率將低於此水平，全球人口將比現在更少。到那個時候，西班牙、泰國和日本等國家的人口將減少一半。請參閱 Vollset *et al.*, 'Fertility, mortality, migration and population scenarios for 195 countries and territories from 2017 to 2100: a forecasting analysis for the Global Burden of Disease Study', The Lancet doi.org/10.1016/S0140-6736(20)20677-2, 2020。

372 詳見 Kaessmann *et al.*, 'Great ape DNA sequences reveal a reduced diversity and an expansion in humans', *Nature Genetics* **27**, 155–156, 2001；Kaessmann *et al.*, 'Extensive nuclear DNA sequence diversity among chimpanzees', *Science* **286**, 1159–1162, 1999。

氣中，將延遲下一次冰河推進的日期，因此當冰河來臨時，會顯得更突兀。氣候造成冰山崩解，落入海洋，特別在北大西洋，會在海水中添加大量淡水，導致墨西哥灣流停止流動，歐洲與北美將陷入全面的冰河作用，而且是在一個人一生的時間之內。只不過，到了那個時候，不會有人在那裡感受到這樣的天寒地凍。

在人類瘋狂活動產生的所有二氧化碳都終於消失之前，人類早就已經滅絕了好一段時間。殘存的溫室效應將暫時抵消這一次的寒流，不過寒潮終將捲土重來，這是突如其來的冰河期與溫暖間歇期的第一次快速轉換，這樣的轉換會一直持續下去，直到多餘的二氧化碳全部都被吸收為止，然後大新生代冰河時期就可以不受中斷地持續下去[373]。

大約三千萬年後，南極洲將向北漂移到很遠的地方，以至於溫暖的赤道海水將沖走最後殘存的冰帽。這段漫長的寒潮會讓生命付出什麼樣的代價？

所有比獾更大的陸生哺乳動物都將滅絕。大型的有蹄類、大象、犀牛、獅子、老虎、長頸鹿或熊，將不復存在。有袋動物會幾乎全部消失。鴨嘴獸與針鼴——這兩種產卵哺乳動物的系譜可以追溯到三疊紀——將產下最後一顆卵。不會再有靈長類動物了。智人，最後的靈長類，也早已消失殆盡。

還會有一些小型鳥類以及不少的蜥蜴與蛇。大型爬蟲類動物，如海龜和短吻鱷等，都將會滅絕，其他的兩棲類也是一樣。

仍然會有大量齧齒類動物留下來，只是我們可能很難認得出來。新的草食性動物群體的血源，可以追溯到鼠類。在傳統的肉食性動物中，只有較小型的可以倖存，如貓鼬或雪貂之類的；較大型的肉食性動物，也會是從別的地方回來的齧齒類動物。當然，還會有最可怕的掠食者，從不會飛的超大型蝙蝠演化而來[374]。

海裡仍然有魚。鯊魚從泥盆紀以來始終如一，仍舊在海中巡航。另外，海裡也會有新型珊瑚或海綿構成的珊瑚礁。

鯨也依然存在，不過只有一會兒。

373 我應該說明一下：從這裡開始，我所說的話大多是自己的臆測，或者說是科學家所謂的「編造事實」。誠如前人所言，預測很難，尤其是預測未來。

374 這個有趣的情境是我從《*After Man: A Zoology of the Future*》（Granada Publishing, 1982）一書中擷取出來的，Dougal Dixon 預測在人類滅絕後的五千萬年間，會有哪些動物演化出來。所謂的「夜巡者」是一種從蝙蝠演化出來的恐怖肉食動物，居住在一個新形成的火山陸塊上，專門在暗夜的森林裡覓食。這個陸塊叫做 Batavia，上面只有蝙蝠棲息。這些可怕的生物演化出來，正好占據了不像蝙蝠的生態棲位。

從最宏觀的角度來看，地球上生命的故事，以及故事所有的戲劇轉折、所有的來來往往，都由兩件事控制。其一是大氣中二氧化碳含量的緩慢下降；其二則是太陽亮度的穩定增加[375]。

大多數生命都仰仗植物行光合作用，將大氣中的二氧化碳轉為生命所需的物質。因此，大多數植物需要大氣中二氧化碳的濃度保持在大約百萬分之一百五十（即一五〇ppm）的水準。基於這樣的假設，我們預期植物僅使用一種稱為「C3」途徑的光合作用，將二氧化碳轉化為糖。然而，還有另外一種光合作用，即「C4」途徑，其所需的二氧化碳濃度要少得多——只要一〇ppm。問題是，C4途徑需要更多的能量來驅動，這也是為什麼在大多數情況下，植物多半傾向於選擇C3途徑[376]。

到了幾百萬年前，隨著草的演化，特別是在熱帶大草原上，情況開始改變，植物傾向使用更浪費能量但是卻節省二氧化碳的C4途徑。整體而言，儘管偶爾會出現高峰或低谷，不過在整個地球歷史中，二氧化碳濃度一直在穩定下降，並且在新生代中期出現了一個低點，導致天擇開始偏好這種原本不尋常的光合作用形式——儘管會有額外的成本。

回想起來，這只是一個例子，說明了生命如何因應其所屬地球環境不斷變化所帶來的挑戰。在這許多挑戰的背後，隱藏著從太陽送達地球的熱量穩定上升，以及二氧化碳的升與降

——但主要是下降。

二氧化碳為什麼會變得如此稀少、如此珍貴？答案可以概括成一個詞——風化。新的岩石穿透地面形成山脈，然後迅速受到侵蝕，這個過程會從大氣中吸收二氧化碳。而被侵蝕的岩石終究會被磨碎成塵，一路飄散，最後流向大海，埋在海底。

在地球誕生之初，整個地球表面都是海洋覆蓋，幾乎沒有陸地可以侵蝕。然而，隨著時間推移，陸地的比例穩定增加，風化的潛力也隨之增長。於是，相對於補充二氧化碳的速度——例如火山爆發等方式——從大氣中被抽離的二氧化碳量也緩慢而穩定地增加[377]。

---

375 如果你想擔心到夜不成眠，可以看看 Peter Ward 和 Donald Brownlee 所寫的《*The Life and Death of Planet Earth*》（Times Books, Henry Holt and Co., 2002），書中毫不留情地對這兩個因素進行深入的探索。

376 在過去這八十萬年間，大氣中二氧化碳的濃度從未超過三〇〇 ppm 左右。二〇一八年，由於人類活動，其濃度超過了四〇〇 ppm，這是三百萬年來從未出現過的濃度。請參閱 K. Hashimoto, 'Global temperature and atmospheric carbon dioxide concentration', in *Global Carbon Dioxide Recycling*, SpringerBriefs in Energy (Singapore: Springer, 2019)。

377 實際情況當然還不僅止於此。我在此描述的情況是基於這樣的想法：只有裸露在外、沒有生命的矽酸鹽岩石受到風化。儘管數十億年前確實如此，但是生命的存在改變了遊戲規則。有機物質和富含碳酸鹽的沉積岩，以難以預測的方式影響風化速率，可能更快，也可能更慢（R. G. Hilton and A. J. West, 'Mountains, erosion and the carbon cycle', *Nature Reviews*

生命面臨的第一個挑戰，發生在二十四億至二十一億年前的大氧化事件期間。地殼構造活動激增，導致碳埋藏量急遽增加，空氣中的二氧化碳被洗刷掉，世界不再受益於溫室效應，逐漸進入持續了三億年的冰河時期，整個世界——從南極到北極——都被冰層覆蓋，這是第一次，也是最大一次的雪球地球時代。當時，太陽產生的熱量比現在少很多，加劇了問題的嚴重性，也影響到地球上未來的生命進程。

生命的因應之道，就是增加複雜性。個體細菌組成了鬆散的聯盟，集中資源，讓每一個體都專注於生命中他最擅長的一部分。這是亞當．斯密和《國富論》中所提出來的勞務分工典型。在工廠裡，每名工人都只專注於一項特定的任務，而不是每一個人都自己做所有的事情，這樣的效率比他們各行其事要高出許多。新的有核或真核細胞也以同樣的方式，達到事半功倍的效果。

生命的下一個重大挑戰出現在大約八億兩千五百萬年前，也就是超級大陸羅迪尼亞分裂之際。跟以前一樣，這導致了大幅增加的岩石風化、碳埋藏和另外一次曠日持久的冰河時期。這些冰河時期又引發了雪球地球事件，雖然持續的時間沒有大氧化事件凍結地球的時間那麼長。這時候，儘管有更多的陸地需要侵蝕，但是太陽卻也更熱[378]。

當時，真核生物一直在嘗試進一步提高複雜性，由不同的真核細胞聚集在一起，形成一個由許多不同細胞組成的生物體，讓每個細胞專注於一項不同的任務，例如消化、繁殖或是防禦。動物的演化是羅迪尼亞大陸解體後產生冰河時期所直接造成的結果。

生命再次透過徹底調整本身的經濟，來因應重大的環境破壞。多細胞狀態讓生物體變得更大、移動的速度更快，並且可以移動到更遠的地方，探索和利用更多的資源，這是個別真核細胞永遠都做不到的事。

---

*Earth & Environment* **1**, 284–299, 2020）。此外，陸地上大部分的碳都儲存在完全由生命產生的底質中，也就是土壤。溫度升高會刺激土壤微生物進行更大的呼吸，結果就是將更多的二氧化碳釋放到大氣中（Crowther *et al.*, 'Quantifying global soil carbon losses in response to warming', *Nature* **540**, 104–108, 2016）。像這些過程和其他活動，都會影響到將二氧化碳從大氣轉移到深海的過程。

378 另一個複雜的問題是，地球可能在大約八億年前，曾經不只一次遭到小行星撞擊：對月球隕石坑的調查顯示，那段時間遭到撞擊次數增加。請參閱 Terada *et al.*, 'Asteroid shower on the Earth-Moon system immediately before the Cryogenian period revealed by KAGUYA', *Nature Communications* **11**, 3453, 2020。

真核生物當然不是查看自己的行事曆，然後一致決定要在八億兩千五百萬年前，集結成多細胞生物。其實多細胞生物很久以前就已經演化出來了，當時單細胞真核生物和細菌仍然非常普遍，只是後來多細胞狀態變得更加普遍，而不僅僅是一種異常現象。十億年前，人們偶爾會在一片黏液中看到海藻的葉子；到了八億年前，海藻已經無所不在。到五億年前，海藻就跟著動物一起跳躍，其中有些大到用肉眼就可以看得見。

生命也以類似的方式，為下一步更複雜的演化改變預做準備。一如細菌集結起來形成真核生物，真核生物又集結起來創造出多細胞動物、植物和真菌，這些生物將在地球生命的最後一個時代集結起來，產生一種全新的生物，其力量與效率將超乎我們的想像。

這樣的種子在很久以前就播下了。

植物在首次登陸後不久就發現，他們若是跟地下真菌形成密切聯繫，生活會變得比較容易。這種名為菌根的地下真菌會附著在植物的根部，由植物透過光合作用為真菌提供營養，而真菌則深入地下，挖掘微量礦物質作為交換[379]。

今天，大多數的陸生植物都與菌根結盟，事實上，少了菌根，植物也無法生存。下一次，當你在樹林裡散步時，不妨想一想，在你腳下的地底，各種不同植物的菌根已經連成了一張覆蓋整座森林的網絡，彼此交換養分，調節著整座森林的成長。森林——及其所有的樹木和菌根——就是一個單獨的超級生物[380]。

真菌具有在大面積範圍內調節生命的潛力。松口蘑環菌（*Armillaria bulbosa*）是目前已知的最大生物體之一，他們微小的菌絲遍布在密西根州北部森林，涵蓋面積達十五公頃。雖然我們幾乎不會意識到他們的存在，但是他們的總重量超過一萬公斤，而且已經存活了

---

379 詳見 Simon *et al.*, 'Origin and diversification of endomycorrhizal fungi and coincidence with vascular land plants', *Nature* **363**, 67–69, 1993。

380 詳見 Simard *et al.*, 'Net transfer of carbon between ectomycorrhizal tree species in the field', *Nature* **388**, 579–582, 1997；Song *et al.*, 'Defoliation of interior Douglas-fir elicits carbon transfer and stress signalling to ponderosa pine neighbors through ectomycorrhizal networks', *Scientific Reports* **5**, 8495, 2015；J. Whitfield, 'Underground networking', *Nature* **449**, 136–138, 2007。

一千五百多年[381]。然而，要明確分辨這種真菌為單一個體卻很困難。因為真菌絲以肉眼看不見的、侵入性的、始料未及的方式蔓延到每個角落，祕密地形成巨大的聯合體，埋在黑暗的土壤中。

✢

過了很久之後，當恐龍時代接近巔峰時期，植物界經歷了一場寧靜革命——也就是花的演化。

開花植物最早只是不起眼的小型蔓生植物，生長在世界邊緣的水邊，但是很快就變得更普及。一億年後，更成為陸生植物的主力。

花朵有一個優勢，就是能夠吸引授粉者，而不只是仰賴風力、天氣和運氣來受精。在開花植物中——就像在許多事情一樣——生命會讓環境發生短路，扭曲演化機率，形成對本身比較有利的情況。

因此，花的演化與授粉昆蟲的急劇增加同時發生——尤其是螞蟻、統稱為膜翅目（Hymenoptera）的蜜蜂與黃蜂，還有統稱為鱗翅目（Lepidoptera）的蝴蝶與飛蛾[382]——這可能並非巧合。這些昆蟲已經存在了數百萬年，但是開花植物的演化也加速了他們的演化。

有些植物及其傳粉媒介之間的關係密切，甚至到了離開對方就無法生存的地步。舉例來說，如果沒有無花果黃蜂的陪伴，無花果就無法繁殖，因此無花果黃蜂就在這種植物周邊建立起自己的生活圈。我們所看到的無花果果實，其實是由黃蜂為他們自己創造的棲地[383]。絲蘭及其伴生的絲蘭蛾之間，也有類似的密切關係[384]。從某個層面來說，無花果與無花果黃蜂一起形成一個生物體，一個牢不可破的聯盟；絲蘭和絲蘭蛾也是一樣。

許多螞蟻、蜜蜂和黃蜂已經演化成一種更完整的全新狀態，可以完全脫離他們跟植物的

---

381 詳見 Smith *et al.*, 'The fungus *Armillaria bulbosa* is among the largest and oldest living organisms', *Nature* **356**, 428–431, 1992。

382 膜翅目在距今兩億八千一百萬年前開始多樣化（Peters *et al.*, 'Evolutionary history of the Hymenoptera', *Current Biology* **27**, 1013–1018, 2017）；已知最早的蛾則生活在三億年前（Kawahara *et al.*, 'Phylogenomics reveals the evolutionary timing and pattern of butterflies and moths', *Proceedings of the National Academy of Sciences of the United States of America* **116**, 22657–22663, 2019）。

383 我們在食用無花果時，為什麼不會吃到滿嘴的黃蜂？請參閱 J. M. Cook and S. A. West, 'Figs and fig wasps', *Current Biology* **15**, R978–R980, 2005，這是很有用的入門資料。

384 詳見 C. A. Sheppard and R. A. Oliver, 'Yucca moths and yucca plants: discovery of "the most wonderful case of fertilisation"', *American Entomologist* **50**, 32–46, 2004。

連繫，獨立生存——儘管如此，開花植物的演化也對他們的演化有推波助瀾的功勞。在這些昆蟲之中，有很多都會聚集成巨大的群體，其中的個體則專門執行特定的任務，例如守衛或覓食。值得注意的是，繁殖工作是由單一個體（即女王）完成的。就像在多細胞生物中一樣，繁殖工作也是集中在獨特的細胞群中。

這樣的群體就是超級生物，甚至表現出獨特的行為，可以視為單一動物的特徵。例如，收獲蟻（*Pogonomyrmex barbatus*）的某些群體在旱季往往比其他群體派出更少的個體外出覓食，而這種自我約束得到的回報則是建立更多的子群體[385]。螞蟻跟人類一樣，都會跟生活在他們體內的細菌和周遭的其他動物，形成密切的聯繫。他們積極培養真菌花園，還會馴化蚜蟲群，並汲取蚜蟲分泌的蜜露。

社會組織是與成功息息相關的特徵[386]。智人的成功可能歸因於他們成立社會組織的傾向；在社會組織中，個人也像社會性昆蟲一樣，傾向於專注特定任務。相較於個人單打獨鬥，這種組織行為可能更容易累積更多的資源。在當今世界，如果他們被迫要靠自己來滿足最基本的需求，有多少人還能過著舒適的生活呢？對於社會性昆蟲來說也是一樣：在他們演化之前如此，在人類滅絕很久之後還是一樣。的確，隨著時間的推移，個體規模小和組織規模大的好處只會愈來愈重要。

隨著時光流逝，用於光合作用的二氧化碳變得愈來愈稀少，這樣的關聯也就會變得更加普遍。個別生物將愈變愈小，最後變成更大的社會性超級生物的一部分，可以更有效地利用資源。同時，植物將依賴動物為他們提供二氧化碳，並為他們授粉。聯繫不夠緊密的植物最終將被餓死。無花果黃蜂和絲蘭蛾的外形與行為，早就因為他們更不受拘束，也更濫交的親戚，而產生了很大的變化。

植物將與其授粉媒介發展出更密切的聯繫，如果後者是社會性昆蟲，就更是如此。這種變化將會加速進行，直到昆蟲變成引導受精和提供二氧化碳的工具。到最後，他們將變成植物內的微小器官——就如同我們細胞內的粒線體曾經是自由生活的細菌一樣。昆蟲的繁殖會變成跟植物的繁殖完全同步，二者成為一體。

但是植物也會發生翻天覆地的變化。或許他們會像真菌一樣，會將大部分身體都藏到地下，變成根部或塊莖；也可能會膨脹成中空洞穴，讓協助生產二氧化碳的昆蟲夥伴——現在

---

385 D. M. Gordon, 'The rewards of restraint in the collective regulation of foraging by harvester ant colonies', *Nature* **498**, 91–93, 2013。

386 E. O. Wilson 的《*The Social Conquest of Earth*》（New York: Liveright, 2012）就是專門討論這個主題。

可能更像是小蟲子，甚或像變形蟲一樣的細胞——生活在裡面，一輩子致力於協助長在植物體內的小花受精。植物只會偶爾將行光合作用的組織送到地面上。然而，隨著蒐集到的二氧化碳愈來愈少，太陽熱量愈來愈多，這些組織也漸漸枯萎，最後「偶爾」將變得「很少」，然後「很少」又變成「幾乎不會」。

不過，有些植物還是會在地面上開出小花，在風中釋放和收集花粉，以維持遺傳多樣性，並且——或許吧——作為訊號，傳遞出一切尚未消失的訊息。

然而，地球仍然在持續移動。兩億五千萬年後，各大洲將再次匯聚成迄今最大的超級大陸，而且像盤古大陸一樣，會橫跨赤道[387]。大部分的內陸地區將是最乾燥的沙漠，周圍環繞著高聳廣闊的山脈。

陸地上將幾乎沒有生命跡象，至於海裡的生命則比較簡單，大多集中在深海。陸地上顯得毫無生氣，不過這是一種幻覺，因為生命仍然存在，只是我們必須深入挖掘——而且要挖得很深。

即使時至今日，仍有遭到忽視的大量生命存在於地底深處，甚至比植物的根、乃至於比菌根或是像蜜環菌（*Armillaria*）這樣的真菌還要深——不過他們可能會感覺到這些生命的存在。

生活在地底深處的細菌會從礦物中汲取能量，將能量從一種形式轉化為另一種形式，藉以維持簡單的生命[388]。有一群微型生物會捕食這些存在於縫隙間的細菌[389]，其中多半是線蟲。線蟲是最容易受到忽略與漠視的動物生命形式，儘管如此，線蟲卻能徹底感染動植物，因此有位科學家曾經評論說：就算地球上除了線蟲之外的所有生命都變得透明，我們仍然能夠看到樹木、動物、人類和地表有如幽靈般的形狀[390]。

地底深層生物圈的生命進展得非常緩慢，相形之下，連冰河看起來都像春天的羔羊一樣活潑。事實上，生命進展得如此緩慢，幾乎與死亡沒有差別。這些細菌生長的速度遲緩，也很少分裂，可以存活數千年。等到世界暖化，大氣中的二氧化碳變得越來越稀薄，地底深處

---

387 科學家一致認為，再過兩億五千萬年，地球上會出現超級大陸，但是對於大陸的確切形狀卻有不同的看法。有一種模型認為美洲將向西推進，直到與東亞相遇，導致太平洋消失。另一種觀點則認為，美洲將像過去一樣，被拉向歐亞大陸的西部邊緣，消滅大西洋。Ted Nield 在《*Supercontinent*》一書中，對這些推測情節背後的原因有詳盡的解說。

388 有關地底深層生物圈的精彩介紹，請參閱 A. L. Mascarelli, 'Low life', *Nature* **459**, 770–773, 2009。

389 詳見 Borgonie *et al.*, 'Eukaryotic opportunists dominate the deep-subsurface biosphere in South Africa', *Nature Communications* **6**, 8952, 2015；Borgonie *et al.*, 'Nematoda from the terrestrial deep subsurface of South Africa', *Nature* **474**, 79–82, 2011。

390 這位科學家就是 N. A. Cobb，關於他對線蟲的特寫，請參閱 'Nematodes and their relationships', *United States Department of Agriculture Yearbook* (Washington DC: US Department of Agriculture, 1914), p. 472。

的生命才會加速發展。

熱能本身會驅動細菌生長，而另外一個促進他們生長的因素，則是一種新的生物從上方入侵——這是一種幾乎無法想像的複合體，結合了在遙遠的過去被稱為真菌、植物和動物的生命形態，不過卻是地球表面附近最後殘存的生命。這些超級生物將促使埋在地底深處、生長緩慢的細菌開始活化，為他們提供庇護，藉以換取能量與養分，因為光合作用已經成為過去式。

超級生物的真菌狀絲線將遍布地殼，不斷尋找更多的食物以及更多的生物來聚集，直到有一天，在地球的衰落期，所有超級生物的絲線都將相遇並融合。到最後，或許生命將集結成一個生物體，反抗光明的消失。

地球仍將繼續移動，儘管速度會變得更慢，而且好像每次移動都會帶來痛苦，彷彿這個老朽的地球罹患了關節炎似的，構造板塊不再像以前那樣潤滑。

在地球還年輕時，驅動大陸漂移的大型對流熱引擎是由核熔爐提供燃料。鈾和釷等元素的緩慢放射性衰變，是在超新星爆發的最後幾秒鐘形成的，並且在很久以前，當地球成形時，逃逸至其中心。如今，這些元素幾乎全部都消失了。

在未來大約八億年後匯聚成形的超級大陸，將會是地球史上最大的陸塊，也將是最後一個陸塊。這些不斷移動變化的大陸，一直是生命的燃料，但常常也是生命的剋星，不過最後終將劃下休止符。

地球表面將不會再有生命，即使在地底深處，生命也將嚥下最後一口氣。至於聚集在海底溫泉噴發口附近的海洋生命，終究也會活活餓死，因為像氫與硫這些富含礦物質的「老煙槍」慢慢失去活力，最後死亡。

地球上的生命曾經多次巧妙地將威脅到他們生存的挑戰，轉化成讓他們蓬勃發展的機會，但是大約再過十億年之後，終將全部消失[391]。

391 碳循環模型顯示，生命將在未來的九億到十五億年間滅絕。十億年後，海洋將會沸騰。請參閱 K. Caldeira and J. F. Kasting, 'The life span of the biosphere revisited', *Nature* **360**, 721–723, 1992。此後會發生什麼事，取決於海洋沸騰的速度。沸騰得快，地球就會乾涸，變成一顆炎熱的沙漠星球；若是沸騰的速度緩慢，大部分的大氣層將籠罩地球，產生強烈的溫室效應，導致地球表面融化。這些美妙的場景在 P. Ward 和 D. Brownlee 的《*The Life and Death of Planet Earth*》（Times Books, Henry Holt and Co., 2002）一書中，都有詳盡的描述。到最後，這些都無關緊要了：再過幾十億年，太陽將膨脹成一顆「紅巨星」，充斥整個天空，將地球炸成灰燼，並且可能將其完全吞噬，然後再將大部分物質散發成所謂的「行星狀星雲」，縮小成一個小小的白矮星，可以持續數萬億年。太陽雖然質量很大，但是還不足以爆炸並成為超新星，孕育新一代的恆星、行星與生命。

# *Epilogue*

# 尾聲

借用別人在另一個情境曾經說過的話，所有生物都會以滅絕告終。這是所有生命必然走上的路徑，智人也不例外。

也許不是例外——但是無論如何，卻還是有不同之處。大多數哺乳物種都會維持一百萬年左右，而智人即使以最廣泛的意義來說，存在的時間還不到一半，然而人類卻仍是一個與眾不同的物種。人類可能還會持續數百萬年——也可能在下星期二就突然死亡。

智人之所以與眾不同，是因為就目前所知，只有這個物種意識到自己在生命發展中的地位，也意識到他們對世界造成的傷害，因此開始採取措施限制這種傷害。

目前大家都非常擔心智人已經引發了所謂的「第六次」大滅絕，此一事件的規模不下於以前的「五大滅絕」——即二疊紀、白堊紀、奧陶紀、三疊紀和泥盆紀末期的大滅絕——這些都是數億年後從地質紀錄中可偵測到的事件。

自人類演化以來，「背景」滅絕率——也就是各個物種自然演化和滅絕的機率，當然各有不同的原因——確實是節節高升，尤其以現在最高。人類只要再持續五百年，繼續做他們目前正在做的事，就能讓滅絕率媲美以前的五大滅絕了[392]。這幾乎是工業革命到現在為止這段時間的兩倍。雖然極大的傷害已經造成，但是現在仍有時間來防止情況惡化——除非假設人類將不會採取任何行動。這不是第六次大滅絕，至少現在還不是。

人類也加速了全球暖化，很大程度是因為突然排放二氧化碳到大氣中。全球暖化的影響已經出現，並對人類健康與安全以及許多不同物種的生活造成嚴重的破壞。

我們當然可以說，氣候本來就變化多端：我們這個星球有時是顆岩漿球，有時是水世界，有時是從南到北都覆蓋著茂密的叢林，有時又覆蓋著幾英里厚的冰層。

因此，遏制氣候變遷似乎是一種極度自戀傲慢的行為，就如同克努特國王（King Canute）對他的朝臣所說的那樣——諂媚他的朝臣說，國王的名號可以命令潮水倒退，但是他卻向他們證明，世俗的力量不足以撼動自然的規律——然而，在面對以下這類的口號時，還是很誘人的，從：

392 詳見 Barnosky *et al.*, 'Has the Earth's sixth mass extinction already arrived?' *Nature* **471**, 51–57, 2011。

**拯救地球！**

到：

**停止板塊構造運動！**

甚至到：

**現在就停止板塊構造運動！**

畢竟，在智人出現之前，地球已經存在了四十六億年；在智人消失很久之後，地球仍然會存在。

---

顯然，對人類將不會採取任何行動的假設並不合理——除非人類對自己活動所造成的影

響完全不知不覺——這就好比說，第一個行光合作用的細菌不知不覺地在大氣中摻入了少量但致命的毒物，我們稱之為分子氧。

所幸，我們**非常**清楚，並且已經採取措施，以更負責任的方式來面對。在世界各地，化石燃料的排放正逐步淘汰，取而代之的是污染較少的替代品。例如，在二〇一九年的第三季，英國利用再生能源的發電量首次超過燃燒化石燃料的發電廠總發電量，而且這個趨勢只會愈來愈明顯[393]。城市會更乾淨，也更環保。

五十年前，當地球人口只有目前人口總數的一半時，我們就很擔心人類很快就會無法養活自己[394]。然而，五十年後，地球養活的人口總數是當時的兩倍，而且總體而言，活得比以前更健康、更長壽、也更富裕。於是爭論的焦點，從缺乏財富，轉移到財富分配不均所造成的嚴重傷害。

人類也開始過著比較簡約的生活，這種改變的速度很快，我們也樂此不疲。儘管全球人均能源消耗量仍在成長，但是在一些高收入國家卻呈現下降趨勢。在英國和美國，人均能源

393 詳見 https://www.carbonbrief.org/analysis-uk-renewables-generate-more-electricity-than-fossil-fuels-for-first-time, accessed 26 July 2020。

394 例如，請參閱 Paul Ehrlich 的著作《*The Population Bomb*》。關於這五十年來的人口影響評估，請參閱 https://www.smithsonianmag.com/innovation/book-incited-world-wide-fear-overpopulation-180967499/ – accessed 26 July 2020。

消耗量在一九七〇年代達到巔峰，到二〇〇〇年代基本上保持不變，此後就開始下降，而且下降的幅度很大：在英國，光是在過去二十年裡，人均能源消耗量就減少了將近四分之一[395]。

人類也比以前受到更好的教育。在一九七〇年，只有五分之一的人在學校待到十二歲；目前這個比例略高於二分之一（約百分之五十一），預計到二〇三〇年將達到百分之六十一[396]。

一度看似就要失控的全球人口數，將在本世紀達到巔峰，然後就會開始下降。到二一〇〇年，全球人口數量會比現在還少[397]。

更有效率的技術和農業改良，是人類生活改善的一大原因。但是過去這一個世紀裡，人類生活情況改善的最重要單一因素，則是婦女在生殖、政治和社會上的賦權，尤其是在發展中國家。現在，女性對自己的身體有更多的控制權，在人類事務中也有更多的發言權，人類的勞動力增加了一倍，提高了整體能源效率，並減少了人口增長。

我們前方仍有許多挑戰。然而，正如生命始終因應挑戰一樣，人類將會應對挑戰——也正在應對挑戰——或許是藉由勞務分工，讓我們可以利用更少的資源，走得更遠。

然而，智人遲早還是會滅絕。

或許有個豁免條款，但是仔細一看，才知道那只是幻覺。這本書講的是地球上的生命，還講到有一天，地球上的生存條件會惡劣到沒有任何生命可以存活，無論他們有多麼豐富的資源。但是我還沒有討論生命如何延伸到地球之外的地方。

儘管我們都知道，某些生物可以在太空中生存[398]。但是就我們所知，智人是第一個刻意進入太空的地球物種，並且在太空軌道上建立了載人太空站，還踏上了另一個世界——月球。因此，人類有可能定期離開地球，甚至永久生活在太空中，無論是在其他行星表面或是在人工棲地。

目前看來，這似乎還不太可能。在我寫這本書的時候，還是只有少數人造訪過月球[399]，而且在一九七二年以後，就沒有人登陸過月球。這倒未必是悲觀的理由。大約十二萬五千年前，當居住在非洲南部海岸的最早現代人類首次發明了化妝品、學會了繪圖和使用弓箭時，這些

---

395 詳見 https://ourworldindata.org/energy, accessed 26 July 2020。

396 詳見 Friedman *et al.*, 'Measuring and forecasting progress towards the education-related SDG targets', *Nature* **580**, 636–639, 2020。

397 詳見 Vollset *et al.*, 'Fertility, mortality, migration and population scenarios for 195 countries and territories from 2017 to 2100: a forecasting analysis for the Global Burden of Disease Study', The Lancet doi.org/10.1016/S0140-6736(20)20677-2, 2020。

398 相關例證請參閱 Horneck *et al.*, 'Space microbiology', *Microbiology and Molecular Biology Reviews* **74**, 121–156, 2010。有些生物（除了人類之外）或許可能在行星之間旅行，但是我在本書中刻意避談這一點。

399 ……而且還全部都是男性，也就限制了繁殖的機會。

技術也是突然就出現在人類生活中，只是好像被遺忘了數千年，直到後來才又重新學會了這些技術，最後終於變得司空見慣。可能是需要足夠人數，而且住得夠近，才能維持這些活動，確保這些工藝和技能可以持續下去。

看似遭到遺棄的太空旅行，在經歷了漫長的休眠之後又重拾活力，並可能成為常態。科技進步意味著太空旅行不再昂貴，也不是只有政府才能負擔得起，私人企業亦可參與其中。上太空去欣賞風景，可能不再只是科幻小說的題材。剛開始時，應該只有富可敵國的人才付得起——不過航空旅行以前也是這樣。

值得注意的是，科技發展的速度有多快。舉例來說，人類第一次登陸月球（一九六九年七月）和第一次橫越大西洋的航空飛行（一九一九年六月）相隔了五十年，而那次飛行是由兩名勇敢的飛行員駕駛一個新玩意完成的，在現代人眼中看來，這個玩意只是用繩子將帆布、木頭和割草機引擎綁在一起做成的脆弱裝置。

就算有一天，人類成功登上了星星，但是仍然無法逃脫滅絕的命運。人類的種群會變得很小，並且相隔距離遙遠，讓許多種群會因缺少人口和基因多樣性而走上失敗之路；而那些成功的種群，最終也將分化成不同的物種。總之，就是無路可逃。

那麼，人類將留下什麼遺產呢？若是以地球上的生命週期來衡量——什麼都沒有。整個人類歷史是如此的密集，又如此的短暫，所有的戰爭、所有的文學，所有那些在王室宮殿裡的公侯貴族和獨裁者，所有的歡樂、所有的痛苦，所有的愛、夢想與成就，都只會在未來留下一層幾公釐厚的沉積物質，不過最後也會侵蝕成灰，永遠沒入海底。

然而，不知道為什麼，這反而讓我們**更想要**保存目前所擁有的一切，讓我們有如蜉蝣的生命過得更舒適，不只是為了我們自己，也是為了同一物種的同胞，彷彿此事變得更加重要。

奧拉夫．斯塔普爾頓（Olaf Stapledon，1886-1950）的《造星者》（*Star Maker*）或許是迄今為止最大膽的一本預言小說。很少有人聽說過這本書，可能是因為書中故事的規模太過龐大（儘管這本書本身很短）。書中講述了我們宇宙的歷史，（在故事中）需要四千多億年的時間才能說完——這還只是其中一個宇宙而已，而人類的歷史也只占了一小段。

在故事中，主角在與妻子發生爭執後走出了自己的小屋。他坐在山坡上，被一種幻象所迷住，在幻象中他被傳送到了宇宙，遇見其他在宇宙中流浪的人，自己也成為靈魂社群的一部分，參與許多冒險，直到他遇見了造物主——這時候，他已經累積了宇宙意識。我們的宇宙只是造物工藝中的一個作品——其他宇宙則像玩具一樣散落在造物主的工作室中。此外，更大的宇宙尚未到來。

回到家後，主角回顧了自己的旅行。我們要記得，斯塔普爾頓是一位堅定的和平主義者，卻曾經在西線戰場上參與友軍救護服務隊（Friends' Ambulance Service），因此親眼目睹了戰爭的恐怖。《造星者》出版於一九三七年，當時，這個世界正陷入再一次的全球衝突：主角在本書的序言和後記中談到這一點。

小說中講故事的人問道：一個普通人如何能夠面對如此非人的恐怖？「有兩盞燈作引導。」主角說。第一個是來自「我們社區中發光的小原子」；第二個則是看似對立的「自遙遠星辰散發出來的寒光」，在其中，像世界大戰這樣的事情，都微不足道。他的結論是：

奇怪的是，這些微小的動物似乎更想要在這場鬥爭中扮演某種角色，而不是淡然以對，他們短暫地努力奮戰，想要為自己的種族在最終黑暗到來之前，贏得一些更清醒的時間。

因此，我們不要絕望。地球依然存在，生命也依然存在。

Fraser, Nicholas, *Dawn of the Dinosaurs* (Bloomington: Indiana University Press, 2006). The history of the unjustly neglected Triassic period. Evocative illustrations by Douglas Henderson.

Gee, Henry, *In Search of Deep Time* (New York: The Free Press, 1999), published in the UK as *Deep Time* (London: Fourth Estate, 2000). A book that cautions against what the book in your hands is all about – using an incomplete fossil record to tell a story. Instead, one can use the record to outline many possible stories, some of which are much more interesting than the one you thought you knew.

Gee, Henry, *The Accidental Species* (Chicago: University of Chicago Press, 2013). Your handy guide to the study of human origins and evolution, debunking a few myths and dethroning humankind from its high estate.

Gee, Henry, *Across the Bridge* (Chicago: University of Chicago Press, 2018). A guide to the origins of the vertebrates, the group of animals to which we ourselves belong.

Gee, Henry, and Rey, Luis V., *A Field Guide to Dinosaurs* (London: Aurum, 2003). A guide for travellers to the world of dinosaurs; it is very speculative. Worth it for the amazing art by Luis Rey.

Gibbons, Ann, *The First Human* (New York: Anchor, 2006). The story of research into human origins, from a leading commentator in the field.

Lane, Nick, *The Vital Question* (London: Profile, 2005). A view on how life got started, from a writer bubbling with brio.

Lieberman, Daniel, *The Story of the Human Body* (London: Allen Lane, 2013). An account of human evolution and why our modern lifestyles are so unsuited to our heritage.

McGhee, George R., Jr, *Carboniferous Giants and Mass Extinction* (New York:

# 延伸閱讀

本書附有大量註釋，詳細介紹了書中所依據的主要研究。其中多數研究論文是提供給其他科學家作為參考。在此處，作者特別提供更多延伸閱讀的建議，希望這些資料更容易被吸收和理解。

Benton, Michael J., *When Life Nearly Died* (London: Thames & Hudson, 2003). The story of the end-Permian extinction, in terrifying (and thus engaging) detail, with an analysis of possible causes.

Berreby, David, *Us and Them* (New York: Little, Brown, 2005). On human behaviour, in particular how easily we form mutually hostile groups and alliances. This is the finest anthropology book I have ever read. You may quote me.

Brannen, Peter, *The Ends Of The World* (London, Oneworld, 2017). The story of the various mass extinctions in Earth history.

Brusatte, Steve, *The Rise and Fall of the Dinosaurs* (London: Macmillan, 2018). A concise, current and exciting book on the very latest in dinosaur research.

Clack, Jennifer, *Gaining Ground* (Bloomington: University of Indiana Press, 2012). The guide to the origin of land vertebrates from fishy beginnings.

Dixon, Dougal, *After Man* (London: Granada, 1981). Sportive look at what wildlife might be like, 50 million years hence, if human beings disappeared today.

Fortey, Richard, *The Earth, an Intimate History* (London: HarperCollins, 2005). The entire history of our planet, from a geological perspective.

Columbia University Press, 2018). Lively account of the world in the Carboniferous and Permian periods.

Nield, Ted, *Supercontinent* (London: Granta, 2007). The story of continental drift and the half-billion-year-long supercontinent cycle.

Prothero, Donald R., *The Princeton Field Guide to Prehistoric Mammals* (Princeton: Princeton University Press, 2017). If you are confused about your taeniodonts and tillodonts, pantodonts and dinocerates, this is the book you need. Lovely illustrations by Mary Persis Williams.

Shubin, Neil, *Your Inner Fish* (London: Penguin, 2009). How our fishy heritage can be found in humans living today.

Stringer, Chris, *The Origin Of Our Species* (London: Allen Lane, 2011). The story of how *Homo sapiens* came to be the way it is.

Stuart, Anthony J., *Vanished Giants* (Chicago: University of Chicago Press, 2021). Detailed yet accessible overview of the extinction of most large animals towards the end of the Pleistocene. Who knew that there was a species called Yesterday's Camel?

Thewissen, J. G. M. 'Hans', *The Walking Whales* (Oakland: University of California Press, 2014). The incredible story of how a group of land animals returned to the sea and became fully marine, in just 8 million years.

Ward, Peter, and Brownlee, Donald, *The Life and Death of Planet Earth* (New York: Henry Holt, 2002). A grim prognostication of the future of life on our planet.

Wilson, Edward O., *The Social Conquest of Earth* (New York: Liveright, 2012). Passionate polemic from the founder of sociobiology on how evolution has produced superorganisms that have inherited the Earth, whether ants or humans.

# 謝辭

After *Across the Bridge* I swore I wasn't going to write another book.

'I'm not going to write another book,' I exclaimed to my colleague David Adam. At the time, David was a news reporter and leader writer at *Nature*, where we both worked. I would often interrupt David so we could chat about books. He had written two: *The Man Who Couldn't Stop*, and *The Genius Within*.

Ignoring my protestations, David suggested that I write something about all the amazing research on fossils I have had the privilege of encountering, over the years, from my desk at *Nature.*

Still protesting that I wasn't going to write another book, I wrote the book.

It was a less a book of popular science than a tell-all exposé entitled *Let's Talk About Rex: A Personal History of Life on Earth*. My agent, Jill Grinberg at Jill Grinberg Literary Management, was keen to see what I was up to, but I counselled that as it was in the nature of a no-holds- barred, warts-and-all, up-close-and-personal revelation, I should write the whole book and share it with all those mentioned by name before allowing it out of doors on its own. She agreed. And so that's what I did.

The first stirrings of unease came from my parents, who said that it was all very nice, dear, but who, apart from those mentioned, would really care? Jill suggested that I try more of a straight narrative. So began a conversation that took months of drafts, large bytes of email and several late-night telephone conversations, before the final version emerged.

David Adam deserves the first thanks, as the book was his idea, at least to

St Martin's Press, who took on the project at a very difficult time (the Covid pandemic of 2020–21 was in full swing). I thank Ravi, George, Jill, and all their colleagues, for pushing the project along.

The book would have been impossible had I not had the good fortune to have been offered a post at the science journal *Nature* on Friday, 11 December 1987, by the late, great John Maddox, thus allowing me to have a ringside seat at the unfolding parade of discovery during perhaps the most exciting period in the history of science.

More thanks are due to my family, for their encourage- ment, though my most sincere thanks go to my wife Penny, whose habitual response to exclamations that I was never going to write another book is a knowing smile.

It was Penny who shut me in my study between 7 p.m. and 9 p.m. every night (Fridays and Saturdays excepted) with a cup of tea, two digestive biscuits and my faithful dog Lulu.

I'd never have done it without them.

begin with. If you don't like it, blame him. Though I recall that our colleague Helen Pearson helped.

Quite a few people saw parts of the book as it was devel- oping and some even made helpful suggestions, though, of course, the mistakes are entirely mine, as are quite a lot of the fanciful speculations. I acknowledge the wise counsel of Per Erik Ahlberg, Michel Brunet, Brian Clegg, Simon Conway Morris, Victoria Herridge, Philippe Janvier, Meave Leakey, Oleg Lebedev, Dan Lieberman, Zhe-Xi Luo, Hanneke Meijer, Mark Norell, Richard 'Bert' Roberts, De-Gan Shu, Neil Shubin, Magdalena Skipper, Fred Spoor, Chris Stringer, Tony Stuart, Tim White, Xing Xu and espe- cially Jenny Clack, who sent in comments during her last illness. This book is dedicated to her memory.

Steve Brusatte (author of *The Rise and Fall of the Dinosaurs*) provided many useful comments and gave the draft to his students, many of whom kindly offered their own feedback. So, thank you Matthew Byrne, Eilidh Campbell, Alexiane Charron, Nicole Donald, Lisa Elliott, Karen Helliesen, Rhoslyn Howroyd, Severin Hryn, Eilidh Kirk, Zoi Kynigopoulou, Panayiotis Louca, Daniel Piroska, Hans Püschel, Ruhaani Salins, Alina Sandauer, Ruby Stevens, Struan Stevenson, Michaela Turanski, Gabija Vasiliauskaite, and one student who chose to remain an- onymous.

I apologize to anyone deserving of inclusion whose name I have omitted through oversight.

Jill has represented me since the last millennium. We've been through a lot together. When Jill sold my first trade book, *In Search of Deep Time*, I flew over to New York just to take her to dinner. Never let it be said that the age of chivalry is dead. It was under Jill's guidance that what started as a scurrilous memoir turned into the book you see here before you, such that it caught the imagination of Ravindra Mirchandani at Picador and George Witte at

basalt 玄武岩
*Basilosaurus* 龍王鯨
basking shark 姥鯊
*Beipiaosaurus* 北票龍
Bert Roberts 柏特・羅伯特
Big Island 大島
blastoids 海蕾
borhyaenids 有袋鬣狗
*Bos primigenius* 原牛
brachiopods 腕足動物
*Brachiosaurus* 腕龍
Burgess Shale 伯吉斯頁岩
bushbabies 嬰猴
Cambrian 寒武紀
Cambrian Explosion 寒武紀大爆發
Carboniferous 石炭紀
*Carcharodontosaurus* 鯊齒龍
*Castorocauda* 獺形狸尾獸
*Cathaymyrus* 華夏鰻屬
Cenozoic 新生代
*Ceratotherium simum cottoni* 北方白犀牛
*Chororapithecus* 脈絡猿
cladoxylopsid 枝蕨綱
*Claraia* 克氏蛤
*Climactichnites* 柵形跡
clubmoss 石松
coccolithophores 蓋板藻
coelacanth 腔棘魚
*Coelophysis* 腔骨龍
colossal squid 南極大王魷
columella auris 耳小柱
*Crassigyrinus* 厚蛙螈屬
Cretaceous 白堊紀
crinoids 海百合綱
Cromerian 克羅默爾間冰期
Cryogenian 成冰紀
Cyanobacteria 藍綠菌
cynodonts 犬齒獸
*Cynognathus* 犬頜獸
*Danuvius* 河神猿
*Dedeckera eurekensis* 七月金
Deep Purple 深紫樂團
Devonian 泥盆紀
*Diadectes* 闊齒龍屬
*Dickinsonia* 狄金森蠕蟲
dicynodonts 二齒獸類
*Dimetrodon* 異齒龍屬

# 名詞對照

abelisaurs 阿貝利龍
acanthodians 棘魚
*Acanthostega* 棘被螈屬
Acheulean 阿舍利
*Adalatherium* 瘋狂獸
*Aepyornis* 象鳥
aetosaurs 堅蜥
Afrotheria 非洲獸總目
alvarezsaurids 阿瓦拉慈龍
amblypods 鈍足類
*Ambulocetus* 走鯨
amniotes 羊膜動物
amoeba 阿米巴蟲
amphioxus 文昌魚
*Anchiornis* 近鳥龍
Andromeda galaxy 仙女座星系
*Ankarapithecus* 安卡拉古猿
ankylosaurs 甲龍
anthropoids 類人猿
antiarchs 胴甲魚
aphanosaurs 匿龍
*Arambourgiana* 阿氏翼龍
Archaean 太古宙
archaeon 古菌
*Archaeopteris* 古蕨屬
*Archaeopteryx* 始祖鳥
*Archaeothyris* 始祖單弓獸屬
archosaurs 主龍
arctocyonids 熊犬類
*Ardipithecus ramidus* 始祖地猿
*Argentinosaurus* 阿根廷龍
*Armillaria* 蜜環菌
*Armillaria bulbosa* 松口蜜環菌
arthrodires 節頸魚
arthropod 節肢動物
*Asteriornis* 奇蹟鳥
*Australopithecus garhi* 加里南方古猿
*Australopithecus sediba* 泉源南方古猿
Awash 阿瓦希
Baptistina 巴蒂斯蒂娜

dinocerates 恐角獸
dinoflagellate 雙鞭毛蟲門
*Diplodocus* 梁龍
*Draco* 飛蜥
drepanosaurs 鐮龍
dromaeosaurs 馳龍
*Dryopithecus* 森林古猿
*Dunkleosteus* 鄧氏魚屬
echidna 針鼴
echinoderms 棘皮動物
*Edaphosaurus* 基龍屬
Ediacaran 埃迪卡拉紀
Ediacaran biota 埃迪卡拉生物群
*Elginerpeton* 散步魚
elpistostegalians 希望螈類
*Elpistostege* 希望螈
enantiornithines 反鳥類
*Entelognathus* 全頜魚
Eocene 始新世
*Eoraptor* 始盜龍
*Eorhynchochelys* 始喙龜屬
*Equisetum* 木賊屬
*Eryops* 引螈屬
*Erythrosuchus* 引鱷
Eternal Snows 永恆雪國
Euarchontoglires 靈長總目
Euramerica 歐美大陸
*Europasaurus* 歐羅巴龍
eurypterids 廣翅鱟
*Eusthenopteron* 真掌鰭魚屬
field horsetail 問荊 ( 田野馬尾 )
Flores 弗洛勒斯島
foraminifera 有孔蟲
Friends' Ambulance Service 友軍救護服務隊
*Giganotosaurus* 南方巨獸龍
*Gigantopithecus* 巨猿
*Gigantoraptor* 巨盜龍
glaciation 冰河作用
*Glossopteris* 舌羊齒屬
Gondwana 岡瓦納大陸
gorgonopsians 麗齒獸
great oxidation event 大氧化事件
H. G. Wells 威爾斯
hadrosaurs 鴨嘴龍
hagfish 盲鰻
haramiyids 賊獸
Heinrich events 海因里希事件

oviraptorosaurs 盜蛋龍
pachypleurosaurs 腫肋龍
*Pachyrhachis* 厚棘蛇
*Pakicetus* 巴基鯨
Palaeodictyoptera 古網翅目
Palaeozoic 古生代
Paleogene 古近紀
Pangaea 盤古大陸
pantodonts 全齒類
*Pappochelys* 羅氏祖龜
*Paraceratherium* 巨犀
*Paramecium* 草履蟲
*Paranthropus* 傍人屬
pareiasaurs 鋸齒龍
*Parmastega* 帕瑪螈
*Patagopteryx* 巴塔哥尼鳥
*Pederpes* 彼得足螈屬
pelycosaur 盤龍
Permian 二疊紀
*Petrolacosaurus* 油頁岩蜥屬
Phanerozoic 顯生宙
phorusrhachid 恐鶴
phytosaurs 植龍
*Pikaia* 皮卡蟲
pill bug 球潮蟲
placoderms 盾皮魚
placodonts 盾齒龍
*Plateosaurus* 板龍
platypus 鴨嘴獸
Pleistocene 更新世
plesiosaurs 蛇頸龍
*Pogonomyrmex barbatus* 收獲蟻
*Procnias albus* 白鐘傘鳥
procolophonids 突嘴龍
*Proconsul* 原康修爾猿
*Proganochelys* 原顎龜
prosimians 原猴
Proterozoic 元古宙
protists 原生生物
*Protopterus* 非洲肺魚屬
*Prototaxites* 原杉菌
Protozoa 原生動物
*Pteranodon* 無齒翼龍
pteraspids 鰭甲魚
pterodactyls 翼手龍
pterosaurs 翼龍
*Pyura* 腕海鞘
*Quetzalcoatlus* 風神翼龍

*Lepidodendron* 鱗木屬
Lepidoptera 鱗翅目
Lepidosiren 南美肺魚屬
Liang Bua 梁布亞岩洞
Liverwort 蘚類（地錢）
Lo'ihi seamount 羅希海底山
*Lufengpithecus* 祿豐古猿
*Lystrosaurus* 水龍獸屬
*Majungatholus atopus* 瑪君顱龍
Maui 茂伊島
*Megachirella* 巨掌蜥
mesonychians 中獸類
Mesozoic 中生代
*Metaspriggina* 巨型斯普里格蟲屬
*Microraptor* 小盜龍
Midway 中途島
Milk Way 銀河系
Miocene 中新世
Mojave Desert 莫哈韋沙漠
*Mononykus* 單爪龍
*Morganucodon* 摩爾根獸
Morlocks 莫洛克人
mosasaurs 滄龍
*Moschops* 麝足獸屬
moss 苔類
Mount Toba 多峇山
mycorrhizae 菌根
*Myllokunmingia* 昆明魚
mystacinid bats 短尾蝙蝠
*Nectocaris* 內克蝦
*Nematodinium* 單眼藻
nematophytes 纖絲植物
*Neoceratodus* 澳洲肺魚屬
Neogene 新近紀
nothosaurs 幻龍
Oahu 歐胡島
*Odontochelys* 半甲齒龜
*Odontogriphus* 齒謎蟲屬
Okavango Delta 奧卡萬戈三角洲
Olaf Stapledon
奧拉夫・斯塔普爾頓
onychodonts 爪齒魚
onychophores 有爪蟲
Ordovician 奧陶紀
*Oreopithecus* 山猿
*Orrorin tugenensis* 圖根原人
*Osteolepis* 骨鱗魚
*Ouranopithecus* 歐蘭猿

*Triadobatrachus* 原蟾
（又名三疊尾蛙）
Triassic 三疊紀
*Triceratops* 三角龍
trilobite 三葉蟲
tritylodont 三列齒獸
troödontids 傷齒龍
trypanosomes 錐蟲
tuatara 喙頭蜥
*Tulerpeton* 圖拉螈屬
*Tyrannosaurus rex* 暴龍
University of Wollongong
臥龍崗大學
*Ventastega* 孔螈
vetulicolians 古蟲動物
*Vintana* 幸運鼠
West Lothian 西洛仙
*Westlothiana* 西洛仙蜥
whale shark 鯨鯊
*Wiwaxia* 威瓦西亞蟲
woodlice 木蝨
*Yilingia spiciformis* 穗狀夷陵蟲
*Yi* 奇翼龍
yunnanozoans 雲南蟲

Rangeomorphs 葉狀形態類生命
rauisuchians 勞氏鱷
rhizodont 根齒魚
*Rhizodus hibberti* 希氏根齒魚
rhynchosaurs 喙頭龍
Rodinia 羅迪尼亞大陸
Rubicon 盧比孔河
*Saccorhytus* 皺囊蟲屬
*Sahelanthropus tchadensis* 查德沙赫人
sand dollar 沙錢（楯海膽目）
*Sharovipteryx* 沙洛維龍
*Shonisaurus* 秀尼魚龍
shrew 鼩鼱
*Shuvuuia* 烏面龍
Sierra de Atapuerca 阿塔普埃爾卡山脈
silesaurs 西里龍
Silurian 志留紀
*Sivapithecus* 西瓦古猿
Snowball Earth 雪球地球
Somerset Levels 桑默塞平原
sphenodontians 蝶齒龍
Star Maker《造星者》
Strelley Pool Chert 史特雷湖裡的層疊石礁岩
stromatolite 層疊石
stromatoporoids 層孔蟲
Tambora 坦博拉火山
*Tanystropheus* 長頸龍屬
tarsiers 眼鏡猴
tectonic plates 構造板塊
*Teleocrater* 完臼龍
Tethys 特提斯洋
*Tetraceratops* 四角獸屬
thalattosaurs 海龍
The Incredible Shrinking Man《聯合縮小軍》
Theia 特亞行星
thelodonts 花鱗魚
therapsids 獸孔目
therizinosaurs 鐮刀龍
*Thrinaxodon* 三尖叉齒獸
*Thylacosmilus* 袋劍虎
*Tiktaalik* 提塔利克魚
*Titanoboa* 泰坦巨蟒
trace fossil 生痕化石
*Treptichnus* 鋸形跡

# 地球生命簡史

## 面向「人類世」，走進46億年地球生態演化的劇場，預見未來10億年生命圖景

## A (Very) Short History of Life on Earth


作　　者　亨利·吉（Henry Gee）
譯　　者　劉泗翰
審　　訂　蔡政修
編輯校對　吳佩芬
封面設計　許峰瑜
內頁排版　高巧怡
行銷企劃　蕭浩仰、江紫涓
行銷統籌　駱漢琦
業務發行　邱紹溢
營運顧問　郭其彬
果力總編　蔣慧仙
漫遊者總編　李亞南
出　　版　果力文化／漫遊者文化事業股份有限公司
地　　址　台北市103大同區重慶北路二段88號2樓之6
電　　話　(02) 2715-2022
傳　　真　(02) 2715-2021
服務信箱　service@azothbooks.com
網路書店　www.azothbooks.com
臉　　書　www.facebook.com/revealbooks

發　　行　大雁出版基地
地　　址　新北市231新店區北新路三段207-3號5樓
電　　話　(02) 8913-1005
訂單傳真　(02) 8913-1056
初版一刷　2024年6月
定　　價　台幣550元

ISBN　978-626-98283-3-3






國家圖書館出版品預行編目 (CIP) 資料

地球生命簡史：面向「人類世」，走進46億年地球生態演化的劇場，預見未來10億年生命圖景 / 亨利. 吉 (Henry Gee) 作；劉泗翰譯. -- 初版. -- 臺北市：果力文化出版；新北市：大雁出版基地發行, 2024.06
面；　公分
譯自：A (very) short history of life on Earth
ISBN 978-626-98283-3-3(平裝)
1.CST: 演化生物學 2.CST: 生命起源 3.CST: 生物學史
362　　113005323